台站元数据质量控制技术及软件设计

李长军 著

内 容 提 要

本书包括三部分内容。第一部分（第1，2，3章）介绍了台站元数据内容、来源和质量控制方案，首次利用台站元数据外部一致性、内部一致性、数据合理性，以及各时期观测规范相关内容、月报（年报）数据文件信息，结合人工对元数据质量控制经验，制定了台站元数据质量控制方法和质量控制指标。第二部分（第4，5章）介绍了台站元数据质量控制软件的设计和各软件功能的实现方法。第三部分（第5，6章）介绍了软件的使用、各项疑误信息的处理方法以及台站元数据统计输出结果分析说明。

图书在版编目（CIP）数据

台站元数据质量控制技术及软件设计/李长军著
. --北京：气象出版社，2019.10
ISBN 978-7-5029-7055-0

Ⅰ.①台…　Ⅱ.①李…　Ⅲ.①气象数据—数据处理—质量控制　Ⅳ.①P416

中国版本图书馆CIP数据核字（2019）第210915号

台站元数据质量控制技术及软件设计

Taizhan Yuanshuju Zhiliang Kongzhi Jishu Ji Ruanjian Sheji

出版发行：气象出版社
地　　址：北京市海淀区中关村南大街46号　　**邮政编码**：100081
电　　话：010-68407112（总编室）　010-68408042（发行部）
网　　址：http：//www.qxcbs.com　　**E-mail**：qxcbs@cma.gov.cn
责任编辑：冷家昭　张　媛　　**终　　审**：吴晓鹏
责任校对：王丽梅　　**责任技编**：赵相宁
封面设计：博雅思企划
印　　刷：北京中石油彩色印刷有限责任公司
开　　本：889㎜×1194㎜　1/32　　**印　　张**：3.125
字　　数：90千字
版　　次：2019年10月第1版　　**印　　次**：2019年10月第1次印刷
定　　价：40.00元

前言

观测台站元数据是气象观测记录数据的重要背景信息，是基础气象资料的一个重要组成部分，是我国气象观测业务、气象观测资料情况的历史记录，是气候资料序列非均一性检验订正的科学依据，也是永久保存的气象记录档案。世界气象组织（WMO）和许多国家都十分重视台站元数据的收集、存档和利用，台站元数据也成为国际气象数据交换所必要提供的重要内容之一。迄今为止，虽然通过科研项目收集了部分地面、高空台站元数据信息，但信息不完整且未经质量检测，而且在项目结束之后，因缺少业务保障机制，台站元数据没有得到及时更新和追加。另外，辐射台站元数据信息至今没有系统地收集整理过。

2011 年中国气象局启动了“基础气象资料建设项目”，根据项目进度要求，2012 年对气象台站元数据进行收集、补充和质量控制，为适应气象数据管理现代化建设和数据共享服务的需要，提高台站历史沿革数据文件质量，有必要开展台站元数据质量控制技术研究和开发气象台站元数据质量控制软件。因此，开发研制“台站元数据质量控制软件”，对正在或即将进行整编的台站元数据信息进行审核和质量控制，保证台站元数据信息的完整性和准确性。

本书内容包括国外气象台站沿革数据情况，台站元数据定义及内容，台站元数据质量控制方案设计，质量控制软件设计，软件使用手册和元数据统计分析 6 章。

第 1 章气象台站沿革数据情况，介绍了国外气象台站沿革数据情况以及与我国气象台站元数据的差异。

第 2 章台站元数据定义及内容，介绍了台站元数据定义及所包含的内容，结合气象行业标准《气象台站历史沿革数据文件格式》（QX/T　37-2005），对台站元数据内容逐项解释。

第3章台站元数据质量控制方案设计，创新地提出了台站元数据质量控制方法，包括：全国首次使用月数据文件（A\G\R）和年报数据文件（Y）相关内容对台站元数据进行质量控制；全国首次根据各时期观测规范相关内容对台站元数据进行质量控制；全国首次根据台站元数据各项内容进行内部一致性检查；全国首次利用多个台站元数据进行外部一致性检查；首次自动读取Y文件或A文件封面、封底和备注信息，将其按相应的数据内容，对元数据文件的规定格式进行排列、追加。同时阐述了台站元数据质量控制技术方案。

第4章质量控制软件设计，详细地描述了台站元数据质量控制软件设计目标和原则、业务流程、总体结构、软件功能和实现方法、质量检查规则。为方便用户使用，灵活地设计了单站质量控制和多站质量控制。在单站质量控制功能中，采用自动定位技术可直接将光标定位到台站历史沿革数据文件中疑误信息位置，方便用户核查与修改；多站质量控制功能可根据台站信息表一次完成对全国或全省所有台站元数据的质量控制。

第5章软件使用手册，结合软件操作界面，详细介绍了软件操作过程。

第6章元数据统计分析，利用全国台站元数据资料，对软件以图形统计输出的结果进行分析，阐述了全国台站名称、台站位置、周围环境、使用仪器、观测时制等变化情况，为分析、利用气象观测数据提供了科学依据。

在质控方案和软件功能设计中，“基础气象资料建设项目”工作组专家周自江、臧海佳、何小明、艾艳、冯明农、蔡健、任芝花等对元数据质量控制方案及软件的功能设计提出了宝贵意见，同时作者参考引用了大量技术文献，使软件得以完善，在国家气象信息中心以及全国各省（区、市）气象局推广使用，解决了台站元数据质量控制问题，在此表示衷心感谢。

李长军

2019年3月20日

目录

第1章

气象台站沿革数据情况

为保证气象观测资料的可用性，世界气象组织（WMO）要求其成员在提供全球气候观测系统（GCOS）观测资料的同时，也要提供气象台站（以下简称“台站”）的历史沿革资料，要求的台站沿革资料包括16大项25个要素项，具体的项目内容如下。

台站的当前信息（2项）：（1）现用世界气象组织（WMO）台站编号；（2）现用区域性台站标识符，该值为WMO成员国管理台站所用的标识符。

台站的历史信息（14项）：（1）台站迁址时间；（2）台站标识符；（3）台站纬度；（4）台站经度；（5）所在国家或地区名称；（6）台站名称；（7）台站的高度；（8）气压计的高度；（9）10 m内的障碍物；（10）台站周围10 km^2内的土地类型；（11）曾用仪器；（12）观测时间；（13）观测规范；（14）平均值计算方法。

我国的气象台站历史沿革数据文件格式中缺少“台站周围10 km^2内的土地类型”和“平均值计算方法”两个项目，其中，我国气象台站历史沿革数据文件中的“台站地理环境”项目与GCOS台站沿革的“台站周围10 km^2内的土地类型”项相似。气象资料的“平均值计算方法”在观测规范中有明确规定，台站历史沿革数据文件不再列项。

第2章

台站元数据定义及内容

台站元数据是描述气象台站名称、区站号、地理位置、所属机构、周围障碍物情况、观测项目、使用仪器、观测时制、观测时间、观测规范等有关信息的数据，其内容与气象台站历史沿革数据一致。

根据气象行业标准《气象台站历史沿革数据文件格式》（QX/T37-2005），气象台站历史沿革数据文件由文件名、首部和沿革数据三部分组成。

文件名为：LXIIiiixY1Y1Y1Y1Y2Y2Y2Y2.TXT

其中：

“L”为文件标识符；

“X”可为“D”“R”“G”，分别表示地面站、辐射站、高空站、农气站、酸雨站的识别码；

“IIiii”为区站号；

“x”为专用识别码；

“Y1Y1Y1Y1”和“Y2Y2Y2Y2”分别为文件数据的开始年份和终止年份；

“TXT”为文件扩展名。

首部为文件的基本信息，包含当前区站号、档案号、省份、站名、开始时间、结束时间，各项之间由“/”分隔。

沿革数据由20个大项目和41个小项目组成。

20个大项目标识码及名称如下。

01：台站名称、02：区站号、03：台站级别、04：所属机构、05[55]：台站位置、06：台站周围障碍物、07[77]：观测要素、08：观测仪器、09：观测时制、10：观测时间、11：守班情况、12：其他变动事项、13：图像文件、14：观测记录、15：观测规范、16：预留、17：预留、18：预留、19：沿革数据来源、20：文件编报人员。

41个小项目内容如下。

台站基本信息（6项）：包括台站档案号、区站号、省（市、区）名简称、站名简称、建站时间、撤站时间。

台站变动信息（35项）：包括台站名称、区站号、台站级别、所属机构、台站位置变动（纬度、经度、观测场海拔高度、地址、地理环境、距原址距离和方向）、台站周围障碍物变动（方位、障碍物名称、仰角、宽度角、距离）、观测要素、观测仪器（要素名称、仪器设备名称、仪器距地或平台高度、平台距观测场地面高度）、观测时制、观测时间（观测项目、观测次数、观测时间），夜间守班情况，其他变动事项说明，图像文件（图像文件名、图像文字说明），观测记录载体名称，观测规范（名称及版本、颁发机构），沿革数据来源，文件编报人员（编报人员、审核人员、编报日期）。

台站变动信息通过各小项目的开始时间和结束时间来表现，其格式如下：

项目编码/开始时间/结束时间/项目名称。

具体格式参见气象行业标准《气象台站历史沿革数据文件格式》（QX/T37—2005）。

第3章

台站元数据质量控制方案设计

3.1 格式、质量检查对象

格式、质量检查对象为地面气象台站历史沿革数据文件、高空气象台站历史沿革数据文件、辐射气象台站历史沿革数据文件。

3.2 元数据格式、质量检查依据

元数据格式与质检以气象行业标准（《气象台站历史沿革数据文件格式》《地面气象观测规范》《地面气象观测规范－辐射》《高空气象观测规范》《常规高空气象探测规范（试行）》《高空气象观测手册》）、气象台站历史沿革数据文件编制说明、人工对LD（LG）文件质量控制工作中总结的经验、A文件（Y文件）所包含的相关信息为依据。

3.3 格式、质量检查内容

3.3.1 格式检查

3.3.1.1 全角字符检查

检查各条记录所包含的下列符号“/”“；”“-”“?”“(”“)”“、”“,”“。”“《”“》”“cm”“mm”是否符合气象行业标准《气象台站历史沿革数据文件格式》(QX/T37—2005）规定，根据规定：应为半角小写。

3.3.1.2 文件名格式检查

检查文件名格式是否与气象行业标准《气象台站历史沿革数据文件格式》（QX/T37—2005）规定的一致。

3.3.1.3 文件首部格式检查

检查文件首行信息是否与气象行业标准《气象台站历史沿革数据文件格式》（QX/T37—2005）规定的一致。

3.3.1.4 项目完整性检查

检查编报的数据文件各数据项是否齐全，同时，行标中明确要求不进行编报的项目是否略去该项。

行标中明确要求不编报的项目有：（1）高空沿革数据文件不编报 05 项“台站位置”中的“台站地理环境”和“距原址距离方向”；（2）高空沿革数据文件不编报 06 项“台站周围障碍物”；（3）高空沿革数据文件不编报 08 项“观测仪器”中的“仪器距地或平台高度”和“平台距观测场地面高度”；（4）地面和辐射沿革数据文件不编报 10 项“观测时间”中的“观测项目”；（5）高空和辐射沿革数据文件不编报 11 项“守班情况”。

3.3.1.5 各数据项数据格式检查

检查文件 01 ～ 15 项和 19 ～ 20 项，各项数据格式是否与行标规定的一致。

检查各数据项长度是否超出了气象行业标准《气象台站历史沿革数据文件格式》（QX/T37—2005）中要求的长度。

检查各项包含的数据组是否与气象行业标准《气象台站历史沿革数据文件格式》（QX/T37—2005）中规定的一致。

3.3.1.6 重复记录检查

检查是否存在两条或以上相同记录。

3.3.2 质量检查

3.3.2.1 时间一致性检查

检查相关项目第一条起始时间是否一致；是否与首部信息吻合，若不吻合，是否在“其他变动事项说明（12 项）”中增加了相应的说明。

3.3.2.2　开始时间和终止时间连续检查

检查各数据项开始时间和终止时间是否连续。

3.3.2.3　日期合理性检查

检查“开始日期”和“终止年月日”中，闰年和非闰年2月结束日期是否正确的判断，大月和小月各月结束日期是否正确的判断。

3.3.2.4　项目之间内容一致性检查

检查各相关项目的内容是否匹配。如“台站环境（05项）”变化时，“障碍物（06项）”是否也发生相应变化。“区站号（02项）”是否与文件名、文件首行包含的区站号一致等。

3.3.2.5　台站名称合理性检查

检查台站名称是否和Y文件或A文件中的台站名称一致（只有A0文件不对此项检查）。

3.3.2.6　区站号合理性检查

检查区站号项（01项）最后一行是否与文件名、文件首部、对应的A文件中包含的区站号一致。

3.3.2.7　台站级别合理性检查

检查该时间段内的台站级别称谓是否与编报说明的附件1“地面气象台站级别称谓沿革参考表”中的称谓一致，若LD文件中使用的台站级别称谓在参考表中没有找到，则提出疑问。

3.3.2.8　站址变动距离合理性检查

检查站址变动距离是否与通过两点经纬度计算结果一致。

3.3.2.9　障碍物合理性检查

检查障碍物仰角（不应小于3°）、宽度角及高度（建筑物不应超过80 m，树木不应超过30 m，山体不应超过2000 m）是否符合实际情况。

3.3.2.10　与A文件（Y文件）一致性检查

检查台站纬度、经度、海拔高度、仪器高度（如气压表和风仪高度）是否与A文件（Y文件）一致。

3.3.2.11　仪器高度转换时间合理性检查

检查气温仪器的高度、雨量器的高度、风向风速高度差是否符合当时的规定。

3.3.2.12　图像文件合理性检查

检查图像文件是否存在，图像文件命名是否合理。

3.4　格检与质检技术方法

3.4.1　格式检查

3.4.1.1　全角字符检查

文件格式中规定：有关项目用到的分隔符、标识符，如“/”“；”“-”“?”等，均为半角（占一个字符）。

根据此规定，所有数据项中“/”“；”“-”“?”“(”“)”“、”“，”“。”“《”“》”等符号若为全角，则提示“符号格式错误”。

3.4.1.2　重复记录检查

检查各数据项是否包含重复记录，如果有两条或以上相同记录，则提示“存在重复记录”。

3.4.1.3　文件名检查

地面气象台站历史沿革数据文件、高空气象台站历史沿革数据文件、辐射气象台站历史沿革数据文件，文件名结构分别为：LDIIiii[x]Y1Y1Y1Y1Y2Y2Y2Y2.TXT，LGIIiii[x]Y1Y1Y1Y1Y2Y2Y2Y2.TXT，LRIIiii[x]Y1Y1Y1Y1Y2Y2Y2Y2.TXT；其中：“L”为文件标识符；“D”“G”“R”分别为地面、高空、辐射气象台站的识别码；“IIiii”为区站号；“[x]”为专用识别码；“Y1Y1Y1Y1”和“Y2Y2Y2Y2”分别为文件数据的开始年份和终止年份；“TXT”为文件扩展名。

根据上述规定，编报的元数据的数据文件名长度应为20，首字母为“L”，第2个字符为“D”或“G”或“R”，第3～7位为5位合法数字，第8位为“1”或“0”，第9～12位和13～16位为2组符合年份的特征数字，且第9～12位应小于13～16位，第17位为“.”，第18～20位为“TXT”。否则，提示“文件名格式错误”。

3.4.1.4　文件首部检查

文件首部即为第一条记录，是标准要求必须包含的内容，其格式为：

“档案号 / 区站号 / 省（自治区、直辖市）名简称 / 站名简称 / 建站时间 / 撤站时间 <CR>”。

根据上述规定，编报的元数据文件首部必须包含 6 组数据，各组数据之间用“/”分隔。

文件首部若不等于 6 组，则提示“数据组数目错”；

“档案号”“区站号”若不为 5 位数字，则提示“档案号或区站号格式错”；

“省（自治区、直辖市）名简称”若大于 10 位字符，则提示“数据组超长”；

“站名简称”若大于 20 位字符，则提示“数据组超长”；

“建站时间”“撤站时间”为表示年月日的 8 位数字组成，若不为 8 位，或“建站时间”迟于“撤站时间”，则提示“时间格式错误”。

3.4.1.5　文件项目完整性检查

根据《气象台站历史沿革数据文件格式》，台站历史沿革数据文件由 20 个项目组成，各项目标识码及名称如下。

01：台站名称、02：区站号、03：台站级别、04：所属机构、05[55]：台站位置、06：台站周围障碍物、07[77]：观测要素、08：观测仪器、09：观测时制、10：观测时间、11：守班情况、12：其他变动事项说明、13：图像文件、14：观测记录、15：观测规范、16：预留项目、17：预留项目、18：预留项目、19：沿革数据来源、20：文件编报人员。

根据上述规定，编报的元数据文件应包含 17 项（高空 16 项，06 项不编报），根据每项前 2 位数据项标识码，逐项判断台站历史沿革数据文件是否缺少数据项，如缺少某项，则提示“缺少数据项”。

3.4.1.6　台站名称（01 项）检查

台站名称（01 项）格式为：

01/ 开始年月日 / 终止年月日 / 台站名称 <CR>……

根据上述规定：

该项由 4 组数据组成，若不等于 4 组，则提示“数据组数目错”；

“标识码”为数据项前 2 位，若不为“01”，则提示“标识码格式错误”；

“开始年月日”和“终止年月日”若不等于 8 位，则提示“时间格式错误”；

“台站名称”数据组字符长度无限制。

3.4.1.7　区站号（02 项）检查

台站名称（02 项）格式为：

02/ 开始年月日 / 终止年月日 / 区站号 <CR>……

根据上述规定：

该项由 4 组数据组成，若不等于 4 组，则提示“数据组数目错”；

“标识码”为数据项前 2 位，若不为“02”，则提示“标识码格式错误”；

“开始年月日”和“终止年月日”：若不等于 8 位，则提示“时间格式错误”；

“区站号”数据组字符长度若不为 5 位，则提示“区站号格式错”。

3.4.1.8　台站级别（03 项）检查

台站级别（03 项）格式为：

03/ 开始年月日 / 终止年月日 / 台站级别 <CR>……

根据上述规定：

该项由 4 组数据组成，若不等于 4 组，则提示“数据组数目错”；

“标识码”为数据项前 2 位，若不为“03”，则提示“标识码格式错误”；

“开始年月日”和“终止年月日”：若不足 8 位或超过 8 位，则提示“时间格式错误”；

“台站级别”数据组字符长度无限制。

3.4.1.9　所属机构（04 项）检查

所属机构（04 项）格式为：

04/ 开始年月日 / 终止年月日 / 所属机构 <CR>……

根据上述规定：

该项由 4 组数据组成，若不等于 4 组，则提示“数据组数目错”；

“标识码”为数据项前 2 位，若不为“04”，则提示“标识码格式错误”；

“开始年月日”和“终止年月日”：若不足 8 位或超过 8 位，则提示“时间格式错误”；

“所属机构”数据组字符长度无限制。

3.4.1.10　台站位置（05 项）检查

地面和辐射气象台站历史沿革数据文件台站位置（05 项）格式为：

05[55]/ 开始年月日 / 终止年月日 / 纬度 / 经度 / 观测场海拔高度 / 地址 / 地理环境 / 距原址距离方向 <CR>……

高空气象台站历史沿革数据文件此项格式为：

05[55]/ 开始年月日 / 终止年月日 / 纬度 / 经度 / 观测场海拔高度 / 地址 CR>……

根据上述规定：

地面和辐射气象台站该项由 9 组数据组成，若不等于 9 组，则提示“数据组数目错”；

高空气象台站该项由 7 组数据组成，若不等于 7 组，则提示“数据组数目错”；

“标识码”为数据项前 2 位，若不为“05 或 55”，则提示“标识码格式错误”；

“开始年月日”和“终止年月日”若不足 8 位或超过 8 位，则提示“时间格式错误”；

“纬度”长度为5位，最后一位为“N”，若不足或超过5位，或最后一位不为“N”，则提示“纬度格式错误”；

“经度”长度为6位，最后一位为“E”，若不足或超过6位，或最后一位不为“E”，则提示“经度格式错误”；

“观测场海拔高度”数据组若不足或超过6位，则提示“观测场海拔高度格式错误”；

“地址”数据组字符长度无限制。

“地理环境”数据组字符长度无限制，高空台站历史沿革数据文件不查此项。

“距原址距离方向”数据组若超过9位，则提示“距原址距离格式错误”，高空台站历史沿革数据文件不查此项。

3.4.1.11　台站周围障碍物（06项）检查

台站周围障碍物（06项）格式为：

06/开始年月日/终止年月日/方位/障碍物名称/仰角/宽度角/距离<CR>……

根据上述规定：

该项由8组数据组成，若不等于8组，则提示“数据组数目错”；

“标识码”为数据项前2位，若不为“06”，则提示“标识码格式错误”；

“开始年月日”和“终止年月日”若不足8位或超过8位，则提示“时间格式错误”；

“方位”若超过3位，则提示“方位格式错误”；

“障碍物名称”若超过6位，则提示“障碍物名称格式错误”；

“仰角”和“宽度角”若不等于2位，则提示“仰角或宽度角格式错误”；

“距离”若不等于5位，则提示“障碍物距离格式错误”。

高空气象台站历史沿革数据文件，台站周围障碍物（06项）不编报，如LG文件中包含06项，则提示“06项格式错误”。

3.4.1.12　观测要素（07项）检查

观测要素（07项）格式为：

07[77]/ 开始年月日 / 终止年月日 / 增［减］要素名称 <CR>…

根据上述规定：

该项由 4 组数据组成，若不等于 4 组，则提示“数据组数目错误”；

“标识码”为数据项前 2 位，若不为“07”或“77”，则提示“标识码格式错误”；

“开始年月日”和“终止年月日”若不足 8 位或超过 8 位，则提示“时间格式错误”；

增［减］要素名称：数据组字符长度无限制。

3.4.1.13 观测仪器（08 项）检查

地面、辐射台站历史沿革文件观测仪器（08 项）格式为：

08/ 开始年月日 / 终止年月日 / 要素名称 / 仪器设备名称 / 仪器距地或平台高度 / 平台距观测场地面高度 <CR>…

高空台站历史沿革文件观测仪器（08 项）格式为：

08/ 开始年月日 / 终止年月日 / 要素名称 / 仪器设备名称 <CR>…

根据上述规定：

地面、辐射台站历史沿革文件该项由 7 组数据组成，若不等于 7 组，则提示“数据组数目错”；

高空台站历史沿革文件该项由 5 组数据组成，若不等于 5 组，则提示“数据组数目错”；

“标识码”为数据项前 2 位，若不为“08”，则提示“标识码格式错误”；

“开始年月日”和“终止年月日”若不等于 8 位，则提示“时间格式错误”；

“要素名称”数组字符长度无限制；

“仪器设备名称”字符长度无限制。但若该项无“；”，则提示“仪器设备名称缺少内容或；”；

若观测仪器设备名称无“（”和“）”，或生产厂家少于两个“，”，则提示“仪器设备名称缺少（）或内容”；

"仪器距地或平台高度"若超过6位，则提示"数据长度有误"，高空台站历史沿革文件不检查此项；

"平台距观测场地面高度"若超过4位，则提示"数据长度有误"，高空台站历史沿革文件不检查此项。

3.4.1.14　观测时制（09项）检查

观测时制（09项）格式为：

09/开始年月日/终止年月日/观测时制<CR>…

根据上述规定：

该项由4组数据组成，若不等于4组，则提示"数据组数目错"；

"标识码"为数据项前2位，若不为"09"，则提示"标识码格式错误"；

"开始年月日"和"终止年月日"若不足8位或超过8位，则提示"时间格式错误"；

"观测时制"数据组字符长度无限制。

3.4.1.15　观测时间（10项）检查

地面、辐射台站历史沿革数据文件观测时间（10项）格式为：

10/开始年月日/终止年月日/观测次数/观测时间<CR>…

根据上述规定：

该项由5组数据组成，若不等于5组，则提示"数据组数目有误"；

"标识码"为数据项前2位，若不为"10"，则提示"标识码格式错误"；

"开始年月日"和"终止年月日"若不足8位或超过8位，则提示"时间格式错误"；

"观测次数"数据组长度若大于4，则提示"数据长度有误"；

"观测时间"数据组长度若大于72，则提示"数据长度有误"。

高空台站历史沿革数据文件（LG文件）格式为

10/开始年月日/终止年月日/观测项目/观测次数/观测时间<CR>…

根据上述规定：

该项由6组数据组成，若不等于6组，则提示“数据组数目有误”；

“标识码”为数据项前2位，若不为“10”，则提示“标识码格式错误”；

“开始年月日”和“终止年月日”若不足8位或超过8位，则提示“时间格式错误”；

“观测项目”数据组长度若大于4，则提示“数据长度有误”；

“观测次数”数据组长度若大于4，则提示“数据长度有误”；

“观测时间”数据组长度若大于72，则提示“数据长度有误”。

3.4.1.16 守班情况（11项）检查

守班情况（11项）格式为：

11/开始年月日/终止年月日/夜间守班情况<CR>…

根据上述规定：

该项由4组数据组成，若不等于4组，则提示“数据组数目错”；

“标识码”为数据项前2位，若不为“11”，则提示“标识码格式错误”；

“开始年月日”和“终止年月日”若不足8位或超过8位，则提示“时间格式错误”；

“夜间守班情况”若超过6位（3个汉字），则提示“数据长度有误”；

高空气象台站历史沿革数据文件，辐射气象台站历史沿革数据文件“守班情况（11项）”项省略不编报。若LG文件或LR文件包含此项，则提示“不应编报11项”。

3.4.1.17 其他变动事项说明（12项）检查

其他变动事项说明（12项）格式为：

12/开始年月日/终止年月日/事项说明<CR>…

根据上述规定：

该项由4组数据组成，若不等于4组，则提示“数据组数目错”；

“标识码”为数据项前2位，若不为“12”，则提示“标识码格式错误”；

“开始年月日”和“终止年月日”若不足8位或超过8位，则提示“时间格式错误”；

“事项说明”数据组字符长度无限制。

3.4.1.18 图像文件（13项）检查

图像文件（13项）格式为：

13/图像文件名/图像文字说明<CR>…

根据上述规定：

该项由3组数据组成，若不等于3组，则提示“数据组数目错”；

“标识码”为数据项前2位，若不为“13”，则提示“标识码格式错误”；

“图像文件名”其格式为：LDIIiii[x]YYYYxx.JPG（或TIF/GIF），LGIIiii[x]YYYYxx.JPG（或TIF/GIF），LRIIiii[x]YYYYxx.JPG（或TIF/GIF），式中“YYYY”为图像文件形成年份，“xx”为图像文件顺序号，数据组字符长度大于18，则提示“数据长度有误”；

“图像文字说明”数据组字符长度大于60，则提示“数据长度有误”。

3.4.1.19 观测记录（14项）检查

观测记录（14项）格式为：

14/开始年月日/终止年月日/观测记录载体名称<CR>…

根据上述规定：

该项由4组数据组成，若不等于4组，则提示“数据组数目错”；

“标识码”为数据项前2位，若不为“14”，则提示“标识码格式错误”；

“开始年月日”和“终止年月日”若不足8位或超过8位，则提示“时间格式错误”；

“观测记录载体名称”数据组字符长度大于60，则提示“数据长度有误”。

3.4.1.20　观测规范（15项）检查

观测规范（15项）格式为：

15/开始年月日/终止年月日/观测规范名称及版本/颁发机构<CR>……

根据上述规定：

该项由5组数据组成，若不等于5组，则提示“数据组数目有误”；

“标识码”为数据项前2位，若不为“15”，则提示“标识码格式错误”；

“开始年月日”和“终止年月日”若不足8位或超过8位，则提示“时间格式错误”；

“观测规范名称及版本”数据组字符长度大于60，则提示“数据长度有误”；

“颁发机构”数据组字符长度大于60，则提示“数据长度有误”。

3.4.1.21　沿革数据来源（19项）检查

沿革数据来源（19项）格式为：

19/沿革数据来源<CR>……

根据上述规定：

该项由2组数据组成，若不等于2组，则提示“数据组数目错”；

“标识码”为数据项前2位，若不为“19”，则提示“标识码格式错误”；

“沿革数据来源”数据组字符长度大于60，则提示“数据长度有误”。

3.4.1.22　文件编报人员（20项）检查

文件编报人员（20项）格式为：

20/文件编报人员/审核人员/编报日期=<CR>……

根据上述规定：

该项由2组数据组成，若不等于2组，则提示“数据组数目错”；

“标识码”为数据项前2位，若不为“20”，则提示“标识码格式错误”；

“文件编报人员”数据组字符长度大于18，则提示“数据长度有误”；

“审核人员”数据组字符长度大于18，则提示“数据长度有误”；

“编报日期”若不足8位或超过8位，则提示“时间格式错误”。

3.4.2　质量检查

3.4.2.1　时间一致性检查

读取项目“台站名称（01项）”“区站号（02项）”“台站级别（03项）”“所属机构（04项）”“台站位置（05项）”“台站周围障碍物（06项）”“观测时制（09项）”“观测时间（10项）”“守班情况（11项）”“观测记录（14项）”“观测规范（15项）”的第一条起始时间，若以上各项起始时间不一致，则提示“xx项与xx项开始时间不一致”。

检查文件名和文件首部中开始时间与“台站名称（01项）”“区站号（02项）”“台站级别（03项）”“所属机构（04项）”“台站位置（05项）”“台站周围障碍物（06项）”“观测时制（09项）”“观测时间（10项）”“守班情况（11项）”“观测记录（14项）”“观测规范（15项）”的第一条起始时间是否一致；若不一致，则提示“文件名（首行）开始时间与xx项开始时间不一致”。

检查“观测要素（07项）”中各要素最早的起始时间是否与首部信息吻合，若不吻合，在“其他变动事项说明（12项）”中是否增加了相应的内容，若无说明，则提示“观测要素（07项）开始时间有误”。

3.4.2.2　始止年月日连续性检查

读取所有数据项中的开始年月日、终止年月日，同一数据项中，若后一条记录的开始年月日和前一条记录的终止年月日不连续，则提示“与前一条记录终止时间不连续”。

3.4.2.3　日期合理性检查

读取所有数据项中的起始年月日和终止年月日，若月份为1，3，5，7，8，10，12，日期不是“88”且不大于“31”，则提示“日期格式错误”;

若月份为4，6，9，11，日期不是“88”且不大于“30”，则提示“日期格式错误”;

若月份为2月且是闰年，日期不是“88”且不大于29，则提示“日期格式错误”;

若月为2月份且不是闰年，日期不是“88”且不大于28，则提示“日期格式错误”。

3.4.2.4　项目之间内容一致性检查

检查05项中标识符是否与条目中“距原址距离方向”的内容一致，标识符为“55”时，“距原址距离方向”应为“00000;000”; 07项是否与08项的起始、终止时间吻合，内容是否一致。06项是否与05的迁站起止时段吻合。若不吻合或不一致，则提示“xx项内容不一致或不吻合”。

3.4.2.5　台站名称合理性检查

读取台站名称与Y文件或A文件中的台站名称对比（只有A0文件不对此项检查），若不一致，则提示“检查台站名称与Y（A）文件不一致”。

3.4.2.6　区站号合理性检查

读取区站号项（01项）最后一行中的区站号与文件名、文件首部、对应的A文件中包含的区站号对比，若四者不一致，则提示“检查区站号与A文件不一致”。

3.4.2.7　台站级别合理性检查

检查该时间段内台站级别的称谓是否与编报说明的附件1“地面气象台站级别称谓沿革参考表”中的称谓一致，若LD文件中使用的台站级别称谓在参考表中没有找到，则提出疑问。

检查台站级别称谓是否与Y文件或A文件中的台站名称一致(只有A0文件不对此项检查)，若不一致，则提出疑问。

检查台站级别是否与地面、高空和辐射的观测要素(07项)、观测时间（10项）相对应，若不对应，则提出疑问。

3.4.2.8　所属机构合理性检查

编报说明规定04项所属机构写到省一级，该项的变动时间和机构名称同一省台站，应有多个台站一致，因此该项检查可结合该省其他站历史沿革数据文件进行，如该省有5站或更多站变动时间和所属机构名称相同，认为合理，若少于5站，提示疑误信息。

3.4.2.9　台站位置合理性检查

05[55]台站位置项包括开始年月日、终止年月日、纬度、经度、观测场海拔高度、地址、地理环境、距原址距离、方向共9组。其检查规则如下。

(1）该项的纬度、经度、观测场海拔高度应与A0文件、A文件或Y文件中的纬度、经度、观测场海拔高度一致，如不一致，则认为有误。

对于与LD文件区站号相同的LG或LR文件，其台站位置(05项）变动情况应一致，若不一致，则提示“与LG或LR台站位置变化不一致”。

(2）台站地理环境应包含在《台站历史沿革数据文件编报说明》附件2台站地理环境参考表内，若不包含，则提出疑误信息。

(3）该项距原址距离、方向，应与通过两点的经纬度计算得出的距原址距离，方向一致，若不一致，则提出疑问信息。

计算方法一：

$d = 111.12\cos\{1/[\sin\Phi_A\sin\Phi_B + \cos\Phi_A\cos\Phi_B\cos(\lambda_B - \lambda_A)]\}$

其中：A点经度、纬度分别为 λ_A 和 Φ_A；B点的经度、纬度分别为 λ_A 和 Φ_B，d 为距离。

计算方法二：

第1步分别将两点经纬度转换为三维直角坐标：

假设地球球心为三维直角坐标系的原点，球心与赤道上0经度点的连线为X轴，球心与赤道上90° E点的连线为Y轴，球心与北极点的连线为Z轴，则地面上点的直角坐标与其经纬度的关系为：

$x=R\times\cos\alpha\times\cos\beta$

$y=R\times\cos\alpha\times\sin\beta$

$z=R\times\sin\alpha$

R 为地球半径，约等于6400 km；α 为纬度，北纬取+，南纬取-；β 为经度，东经取+，西经取-。

第2步根据直角坐标求两点间的直线距离（即弦长）：如果两点的直角坐标分别为（x_1，y_1，z_1）和（x_2，y_2，z_2），则它们之间的直线距离为：

$L=[(x_1-x_2)^2+(y_1-y_2)^2+(z_1-z_2)^2]^{0.5}$

上式为三维勾股定理，L 为直线距离。

第3步根据弦长求两点间的距离（即弧长）：

由平面几何知识可知弧长与弦长的关系为：

$S=R\times\pi\times2[\arcsin(0.5L/R)]/180$

上式中角的单位为度，$1°=\pi/180$ 弧度，S 为弧长。

3.4.2.10　障碍物合理性检查

06障碍物项包括：开始年月日、终止年月日、方位、障碍物名称、仰角、宽度角、距离共7组，其检查规则：

1．表示方位的字符是否为合法的16方位，应为“N、NNE、NE、ENE、E、ESE、SE、SSE、S、SSW、SW、WSW、W、WNW、NW、NNW”之一，否则为非法风向，提出错误信息。

2．障碍物高度检查：障碍物高度是否符合实际情况，超出实际情况时，提出疑问。障碍物为山体时，其高度一般不应超过2000 m（因为此高度为相对高度）；障碍物为建筑物时，其高度一般不应超过80 m；障碍物为树木时一般不应超过30 m，障碍物高度 $h=\tan A\times S$，其中：A 为仰角，S 为障碍物距离。

3．仰角检查：根据《地面气象观测规范》中障碍物定义：障碍物高度与障碍物到观测场距离之比为1 ∶ 10，换算成仰角为 3°，因此，障碍物仰角小于 3°时，不为障碍物，如出现障碍物仰角大于 3°，提示疑误信息。

4、宽度角检查：障碍物采用 16 方位表示，每个方位不应大于 23°，若超过 23°，提出错误信息。

3.4.2.11　观测要素合理性检查

1．检查观测要素名称是否与《台站历史沿革数据文件编报说明》附件 3：地面观测要素标准称谓参考表中的观测要素的称谓一致；如果 LD 数据文件中出现的观测要素名称在附件 3 中没有找到，则提示疑误信息。

2．观测项目与观测规范一致。例如：1980 年前地面观测“积雪密度”，而未观测“雪压”，如在此时间段内出现观测要素名称为雪压，则提示疑误信息。

3．除目测项目外，07 项观测要素应与 08 项使用仪器相配合，如 08 项有相应的使用仪器，则 07 项应有对应的观测要素，反之提示疑误信息。

3.4.2.12　使用仪器合理性检查

1．使用仪器开始时间的合理性，如使用仪器名称包含在《台站历史沿革数据文件编报说明》附件 5：部分仪器设备的生产厂家与启用年代参考表中，使用该仪器的开始时间应晚于该仪器的启用时间，否则提出疑问（参考表中没有给出启用时间的，不做判断）。

2．如果 08 项有使用仪器，07 项就应有对应要素，否则提出疑误信息。

3．使用仪器要与 14 项观测记录一致，如某年代 08 项使用自记仪器，同年代应有该仪器自记纸，否则提出疑误信息。

4．百叶箱距地高度，1971 年前可以出现百叶箱距地 2 m 情况，1971 年后若仍出现百叶箱距地 2 m 的情况，则提示疑误信息。

5．若风向风速仪器、温度、气压、降水等某种仪器从建站到现在一直没有更换，则提出疑误信息。

6．风向仪器高度与风速仪器高度之间的差值应在一个合理范围之内，一般在0.2～0.5，若超出此范围，则提出疑误信息。

7. 气压表高度应与Y文件、A（A0）文件中气压表高度一致，否则提出疑误信息。

3.4.2.13 仪器高度转换时间合理性检查

1. 气温仪器的高度：1954年前高度不一，有13，12，15，16等（即为1.3 m、1.2 m、1.5 m、1.6 m），1954年1月1日—1960年12月31日气温仪器的高度为20（2.0 m），1961年1月1日至今气温仪器的高度为15（1.5 m），若该时间段内，仪器高度与当时规定不符，则提出疑误信息。

2. 雨量器的高度：1954年前高度不一，有03，07，06等（0.3 m、0.7 m、0.6 m），1954年1月1日—1960年9月30日雨量器的高度为20（2.0 m），1960年10月1日至今雨量器的高度为07（0.7 m），若该时间段内，仪器高度与当时规定不符，则提出疑误信息。

3. 风向风速高度差：维尔德测风器风向风速的高度差为05（0.5 m），EL型电接风风向风速的高度差为03（0.3 m），若该仪器高度差与规定不符，则提出疑误信息。

3.4.2.14 观测时制合理性检查

对于1954年后的09项观测时制，若出现地方时，则应编报为“地方平均太阳时”，否则提示疑误信息；1951—1953年的地面定时观测时制有120° E标准时、105° E标准时和90° E标准时三种，否则提出疑误信息。

3.4.2.15 观测时间合理性检查

检查10项观测时间是否与11项守班情况变化一致，若10项观测时间中的观测次数为“4”，则11项守班情况应为“守班”，否则提示“观测时间与守班情况不一致”。

3.4.2.16 图像文件合理性检查

检查13项图像文件名\JPG\文件夹下是否包含该图像文件，如图像文件名指示的文件不存在，或图像文件名格式不为LDIIiii[x]YYYYxx.JPG（或TIF/GIF），LGIIiii[x]YYYYxx.JPG（或TIF/GIF），LRIIiii[x]YYYYxx.JPG（或TIF/GIF），“YYYY”

为图像文件形成年份，“xx”为图像文件顺序号，则提示疑误信息。

3.4.2.17　观测规范合理性检查

使用观测规范应包含在《台站历史沿革数据文件编报说明》附件 7-1 地面气象观测规范名称参考表中，否则提出疑误信息。

第4章

质量控制软件设计

4.1 设计目标和原则

4.1.1 设计目标

根据气象行业标准《气象台站历史沿革数据文件格式》《地面气象观测规范》和《气象台站历史沿革数据文件编制说明》，结合对气象台站历史沿革数据编报和质量审核的经验，建立质量控制指标，对气象台站历史沿革数据文件进行格式和质量的检查。

充分利用同期的Y文件或A文件中台站信息相关内容进行一致性检查，同时根据检查结果以人机交互的方式进行显示、修改。

根据年报数据文件（yIIiii-yyyy.TXT）数据内容对部分项目内容自动追加，对于不能追加的项目，提供用户输入方式追加。

4.1.2 设计原则

4.1.2.1 可维护性

软件各功能模块之间相互独立，可任意组装和拆卸，为软件维护修改提供方便、直观的菜单界面和必要的提示信息。

4.1.2.2 可扩充性

系统设计除了可以适应目前的需要以外，充分考虑用户日后的业务发展需要。按最经济的原则，规划成一个扩充性很强且在扩容升级时浪费最少的系统，支持软件二次开发。

4.1.2.3　用户界面

软件在统一的 Windows 中文环境下，采用界面简单、形象、易懂、灵活和操作方便的可视化窗口，最大程度减少操作，支持多站操作。

4.2　软件总体设计

4.2.1　需求规定

本软件须以气象行业标准《气象台站历史沿革数据文件格式》《地面气象观测规范》和《气象台站历史沿革数据文件编制说明》为依据，结合人工质控经验，对 LD 文件进行质量控制，主要包括格式检查、质量检查、参数管理、错误 LD 文件修改和保存，后续年份 LD 文件的追加。单站修改时，根据疑误信息定位对应错误数据、被修改 LD 文件链接对应报表图像等功能；LD 文件追加时链接对应的年报（月报）图像文件。

4.2.2　性能需求

单站检查完成一个站的时间应小于 1 s。

多站检查应满足一次完成 3000 个站点台站元数据检查。

4.2.3　稳定性

LD 文件质量控制软件在对所选文件进行质量控制时，对电脑各项性能指标占用能维持在一定范围内，占用内存 50 M，占用 CPU 的 20%（2.66 GHZ），不影响电脑其他功能的使用。

4.2.4　实时性

LD 文件质量控制软件对操作人员的响应时间短，做出反应的速度快。

4.2.5 灵活性

LD 文件质量控制软件灵活可靠，安装简单方便，配置文件路径可自动生成，也可人工重新设置。

4.2.6 友好性

LD 文件质量控制软件在用户操作时，界面整洁简单，使用方便，错误定位功能使用户修改错误准确，同时提供多站质量控制功能，简化操作过程。

4.3 运行环境

4.3.1 硬件设备

微机基本配置 CPU 2.66 GHz 或以上，内存 2 G，硬盘 10 G，至少 2G 的可用空间，显示器分辨率 1024×768。

4.3.2 软件

4.3.2.1 操作系统

Windows XP、Windows 7 等。(如 32 Bit 和 64 Bit 有无区别)

4.3.2.2 开发语言

Microsoft Visual Basic 6.0 结合 Windows API 开发完成，考虑 VB 本身功能的局限，再设计时充分利用了 Windows 系统提供的一些动态库。

4.3.3 软件构成

按照功能的不同，将参数文件、程序文件、数据文件、疑误信息文件、日志文件和备份文件安装在不同的文件夹下，其构成如表 4-1 所示。

表4-1 软件构成表

系统软件安装文件夹和文件名		内容
文件夹	文件名	
软件安装文件夹	LDQC.exe	软件执行主程序
	limit.cfg	质量检查设置文件
	path_file	路径设置文件
	quality_check1.txt quality_check2.txt …….	质量控制指标文件
\DATA\Y\IIiii	YIIiii-YYYY.TXT	地面气象年报数Y文件
\DATA\A\IIiii	AIIiii.MYY	地面气象观测月数据A文件
\DATA\AO\IIiii	AOIIiii.MYY	地面气象观测月数据AO文件
\DATA\TX\IIiii	SURF_CLI_xx_XXX_FTM_NB21_JPG_IIiii_YYYYMM_DD.jpg SURF_CLI_xx_XXX_FTM_QB1_JPG_IIiii_YYYYMM_DD.jpg	年报、月报扫描图像文件
\LOG\	LD_IIiii_ERR.txt	单站疑误信息文件
\LOG\	LD_ERR..txt	多站疑误信息文件
\LOG\	file_check_log.txt	质量检查系统运行日志
\SYSCONFIG	STATION.TXT	台站参数文件

4.4 软件功能设计

软件采用 Microsoft Visual Basic 6.0 结合 Windows API 开发完成，采用模块化设计，分为参数设置、质量检查、数据追加、数据修改、数据输出 5 大功能模块。

4.4.1 参数设置功能

包括本站台站参数设置、相关数据文件路径设置、质量控制规则参数设置（见 4.5 质量检查规则）、地面气象台站级别称谓沿革参考表设置、台站地理环境参考表设置、观测要素标准称谓参考表设置、地面气象观测仪器设备名称参考表设置、部分仪器设备的生产厂家与启用年代参考表设置、地面气象观测记录载体名称参考表设置、地面气象观测规范名称参考表设置等。

4.4.2 质量检查功能

包括格式检查、数据的合理性检查、内部一致性检查、时间一致性检查。在质量检查模块中，又分为 20 个小模块，在进行质量检查时，各检查模块可以自由组合，可全选，也可部分选择。

在进行质量检查时，将 LD 文件的各条记录按数据组分隔符“/”进行分解，按各项目指示码（01 ～ 20），分别存放到 17 个二维数据中（16 ～ 18 为预留项目），行为各项目记录条数，列为项目包含的数据组个数，分解后，可灵活实现质量检查、追加和排序功能，检查结果可以选择多站或单站，检查疑误信息结果也可选择多站或单站一个数据文件存放，其质量控制模块流程如图 4-1 所示。

4.4.3 数据修改功能

通过人机交互，对计算机输出的疑误信息进行人工审核处理，包括数据关联和报表图像文件关联、人工校对图像方式，对 LD 文件进行数据修正处理操作等功能。

因质量检查可以选择多站或单站，检查疑误信息结果也可选择多站或单站一个数据文件存放，在进行数据修改时，软件同时显示两个窗口，一个为 LD 文件编辑窗口，另一个为疑误信息窗口。选择单站存放疑误信息的，可自动定位并显示疑误信息结果，同时可直接定位和显示对应的年报或月报扫描文件，用户可方便地进行修改。

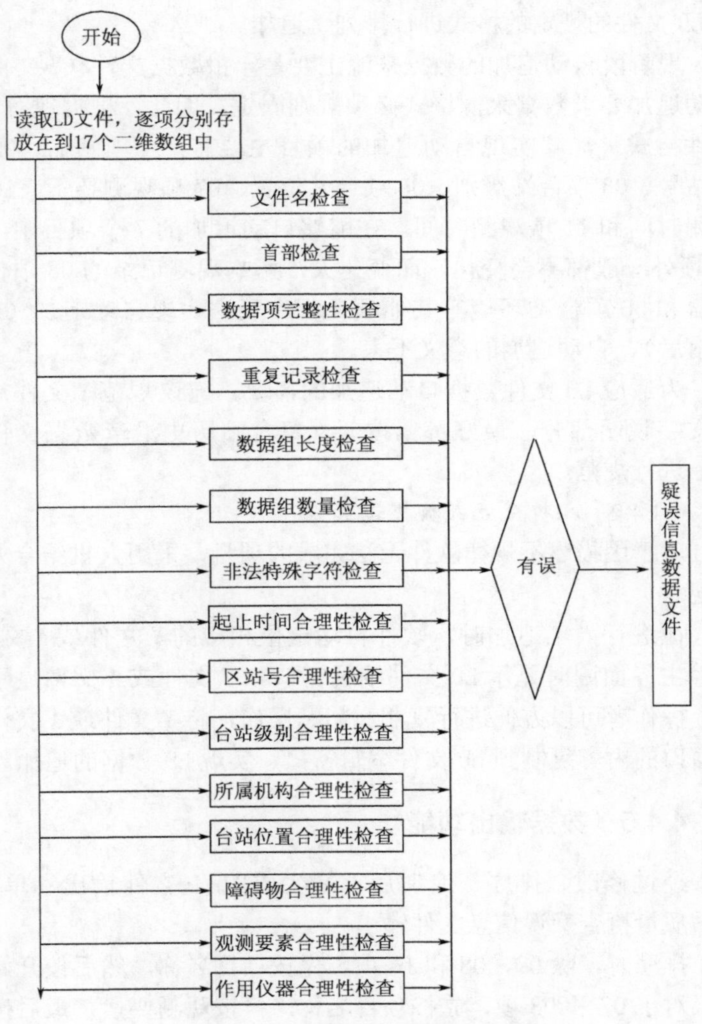

图 4-1　质量控制模块流程图

4.4.4　数据追加功能

数据追加包括计算机自动追加和人机交互式追加。

4.4.4.1　*自动追加*

程序自动读取Y文件或A文件数据，将其按相应的数据内容，按LD文件的规定的格式进行排列、追加。

现阶段自动追加的数据来源主要是年报数据文件（Y文件），自动追加要求数据来源格式必须规则固定，因此，根据现有的Y文件格式，能够实现自动追加的项目主要有：01项站名、02项区站号、03项台站级别、05项台站位置、07项观测要素、10项观测时间和11项观测时间。在能够自动追加的7个项目中，除05项外一般都不会变化。而变化大，影响观测记录的08项使用仪器和06项台站环境等其他项目程序无法实现自动追加（Y文件附后），自动追加的意义不大。

为适应LD文件数据自动追加的需要，建议规范Y文件后边的文字说明部分，最好每年按《气象台站历史沿革数据文件格式》进行规范。

4.4.4.2　*人机交互式数据追加*

对于因描述不规律软件无法完成的项目，采用人机结合方式实现。

在进行人工追加时，软件自动定位相应的Y文件或A文件，软件主界面同时显示LD文件编辑窗口和Y文件或A文件显示窗口，操作者可以方便进行复制和粘贴操作，将Y文件或A文件显示窗口的内容复制到LD文件编辑窗口，实现LD数据的追加。

4.4.5　数据输出功能

经过修改、排序、追加后重新生成的LD文件输出和单站、多站质量检查疑误信息文件输出。

排序时，除07，08和14项，先按项目名称，然后按开始时间；对于07和08项，先按项目名称，再按观测要素，最后按开始时间；14项先按项目名称，再按自记纸、观测簿、月报、年报顺序排序。

4.5 质量检查规则

4.5.1 文件名检查

气象台站历史沿革数据文件（LD 文件）文件名构成为："LDIIiiixY1Y1Y1Y1Y2Y2Y2Y2.TXT"；其中："L"为文件标识符；"D"表示为气象台站的识别码；"IIiii"为区站号；"x"为专用识别码；"Y1Y1Y1Y1"和"Y2Y2Y2Y2"分别为文件数据的开始年份和终止年份；"TXT"为文件扩展名。

文件名中的区站号和年代信息与首行包含的区站号、年代信息对比，检查文件名是否和数据文件首行内容一致。

4.5.2 首部质量检查

首部为文件的第一条记录，由"台站档案号""区站号""省（自治区、直辖市）名简称""站名简称""建站时间""撤站时间"六组数据组成，各组数据之间用"/"分隔。

文件首行信息与数据项相关信息对比，结合台站参数文件STATION.TXT，检查文件首行是否和 LD 文件数据项内容一致。

4.5.3 各数据项质量检查

台站历史沿革数据文件（LD 文件）由 20 个项目组成，各项目标识码及名称如下：

01：台站名称；02：区站号、03：台站级别；04：所属机构；05[55]：台站位置；06：台站周围障碍物；07[77]：观测要素；08：观测仪器；09：观测时制；10：观测时间；11：守班情况；12：其他变动事项说明；13：图像文件；14：观测记录；15：观测规范；16：采样方式；17：台站周围污染源；18：预留项目、19：沿革数据来源；20：文件编报人员。

其中：项目由一条或多条记录组成，记录的结束符为回车换行"<CR>"；

记录由若干组数据组成，各组数据之间用“/”分隔；

每组数据长度不允许超过规定的最大字符数。

4.5.3.1　数据项完整性检查

根据数据项标识码“01 ～ 20”，逐项判断 LD 文件是否缺少数据项。

4.5.3.2　重复记录检查

检查各数据项是否包含重复记录。

4.5.3.3　数据组长度检查

计算每条记录中各组数据长度，与行标规定的长度对比，检查数据项各组数据的长度是否符合行标规定的格式。

4.5.3.4　数据组数量检查

计算每条记录包含数据组分隔符“/”的数量，与行标规定的数据组数对比，检查各条记录是否缺少数据。

注：由于在编报使用仪器时，有时用到“1/2 刻度”，建议在编报说明时，应采用“0.5 刻度”或“1/2 刻度”，避免计算数据组错误。

4.5.3.5　非法特殊字符检查

根据数据文件编报说明，检查各数据项是否包含全角“）”“（”“；”“？”等，计量单位“厘米”和“毫米”是否采用大写“CM”和“MM”等。

4.5.3.6　起止时间合理性检查

（1）开始时间应小于结束时间，在检查时考虑“88”存在。不提示错误。

（2）相关项目的开始时间与结束时间应一致，如观测要素、使用仪器和记录载体，台站名称和区站号等。

（3）开始时间和结束时间中的月份与日期要配合，小月（4 月、6 月、9 月和 11 月）不应出现 31 天；2 月应根据是否为闰月对应 28 或 29，闰月为 29。

4.5.3.7　台站名称合理性检查

检查台站名称是否和 Y 文件或 A 文件中的台站名称一致（没有 Y 文件或只有 A0 文件不对此项检查）。

4.5.3.8　区站号合理性检查

检查区站号是否与LD文件名、LD文件首行包含的区站号一致。

4.5.3.9　台站级别合理性检查

检查该时间段内台站级别称谓是否与编报说明的附件2：xxx中的称谓一致；是否和Y文件或A文件中的台站名称一致（没有Y文件或只有A0文件不对此项检查）。

4.5.3.10　所属机构合理性检查

编报说明规定04项所属机构写到省一级，该项的变动时间和机构名称，同一省台站应有多个台站一致，因此该项检查可结合该省其他站历史沿革数据文件进行，如该省有3站或更多站变动时间和所属机构名称相同，认为合理，若少于3站，提示疑误信息。

4.5.3.11　台站位置合理性检查

05[55]台站位置项包括开始年月日、终止年月日、纬度、经度、观测场海拔高度、地址、地理环境、距原址距离、方向共9组。其检查规则：

（1）该项的纬度、经度、观测场海拔高度应与A0文件、A文件或Y文件中的纬度、经度、观测场海拔高度一致，如不一致，则认为有误。

（2）台站地理环境应包含在《台站历史沿革数据文件编报说明》附件2台站地理环境参考表内，否则提示疑误信息。

（3）该项距原址距离、方向，应与通过两点的经纬度计算得出的距原址距离，方向一致。

计算方法一：

$$d = 111.12\cos\{1/[\sin\Phi_A\sin\Phi_B + \cos\Phi_A\cos\Phi_B\cos(\lambda_B - \lambda_A)]\}$$

其中：A点经度，纬度分别为λ_A和Φ_A；B点经度，纬度分别为λ_B和Φ_B，d为距离。

计算方法二：

第1步分别将两点经纬度转换为三维直角坐标：

假设地球球心为三维直角坐标系的原点，球心与赤道上0经度点的连线为X轴，球心与赤道上90° E点的连线为Y轴，球心与北极点的连线为Z轴，则地面上点的直角坐标与其经纬度的关系为：

$x=R\times\cos\alpha\times\cos\beta$

$y=R\times\cos\alpha\times\sin\beta$

$z=R\times\sin\alpha$

式中，R为地球半径，约等于6400 km；α 为纬度，北纬取+，南纬取-；β 为经度，东经取+，西经取-。

第2步根据直角坐标求两点间的直线距离（即弦长）：如果两点的直角坐标分别为（x_1，y_1，z_1）和（x_2，y_2，z_2），则它们之间的直线距离为：

$L=[(x_1-x_2)^2+(y_1-y_2)^2+(z_1-z_2)^2]^{0.5}$

上式为三维勾股定理，L 为直线距离。

第3步根据弦长求两点间的距离（即弧长）：

由平面几何知识可知弧长与弦长的关系为：

$S=R\times\pi\times2[\arcsin(0.5L/R)]/180$

上式中角的单位为°，1° = π/180弧度，S 为弧长

方法三：

地点1：23.1285020，113.3743290（纬度，经度）

地点2：23.1267760，113.3775950（纬度，经度）

s=sqr ((23-23)^2+(1285020-1267760)^2+(3775950-3743290)^2)

4.5.3.12　障碍物合理性检查

06障碍物项包括：开始年月日、终止年月日、方位、障碍物名称、仰角、宽度角、距离共7组，其检查规则：

（1）障碍物高度检查：障碍物高度是否符合实际情况，与实际情况不符时，提出疑问。障碍物为山体时，其高度一般不应超过3000 m（因为此高度为相对高度）；障碍物为建筑物时，其高度一般不应超过60 m，障碍物为树木时一般不应超过18 m，障碍物高度 $h=\tan A\times S$，其中：A 为仰角，S 为障碍物距离。

（2）仰角检查：根据《地面气象观测规范》中障碍物定义：障碍物高度与障碍物到观测场距离之比为 1 ： 10，换算成仰角为 3°，因此，障碍物仰角小于 3° 时，不为障碍物，如出现障碍物仰角大于 3°，提示疑误信息。

（3）宽度角检查：障碍物采用 16 方位表示，每个方位不应大于 23°，超过 23°，提示疑误信息。

4.5.3.13　观测要素合理性检查

（1）检查观测要素名称是否与《台站历史沿革数据文件编报说明》附件 3：地面观测要素标准称谓参考表中的观测要素的称谓一致，如果 LD 数据文件中出现的观测要素名称在附件 3 中没有找到，则提示疑误信息。

（2）雪压在 1971 年前的称谓为积雪密度，在此时间段内如观测要素名称为雪压，则提示疑误信息。

（3）除目测项目外，07 项观测要素应与 08 项使用仪器相配合，如 08 项有相应的使用仪器，则 07 项应有对应的观测要素，反之提示疑误信息。

4.5.3.14　使用仪器合理性检查

（1）使用仪器名称应包含在《台站历史沿革数据文件编报说明》附件 4-1：地面气象观测仪器设备名称参考表中，否则提示疑误信息。

（2）如果 08 项有使用仪器，07 项就应有对应要素，否则提示疑误信息。

（3）使用仪器要与 14 项观测记录一致，如某年代 08 项使用自记仪器，同年代应有该仪器自记纸。

（4）百叶箱距地高度，1971 年前可以出现百叶箱距地 2 m 情况，1971 年后仍出现百叶箱距地 2 m，则提示疑误信息。

（5）风向风速仪器、温度、气压、降水等某种仪器从建站到现在一直没有更换，则提示疑误信息。

（6）风向仪器高度与风速仪器高度之间的差值应在一个合理范围之内，一般在 0.2 ～ 0.5，超出此范围，则提示疑误信息。

（7）气压表高度应与 Y 文件、A(A0）文件中气压表高度一致，否则提示疑误信息。

4.5.3.15 观测时制合理性检查

对于1954年后的09项观测时制，若出现地方时，则应编报为“地方平均太阳时”，否则提示疑误信息；1951—1953年的地面定时观测时制有120° E标准时、105° E标准时和90° E标准时三种，若不是这三种，则提示疑误信息。

4.5.3.16 图像文件合理性检查

检查13项图像文件名\JPG\文件夹下是否包含该图像文件，如图像文件名指示的文件不存在，则提示疑误信息。

4.5.3.17 观测规范合理性检查

使用观测规范应包含在《台站历史沿革数据文件编报说明》附件7-1地面气象观测规范名称参考表中，否则提示疑误信息。

4.6 软件界面设计

软件总体设计风格为下拉菜单样式，选择菜单后弹出不同的处理界面，如图4-2所示。

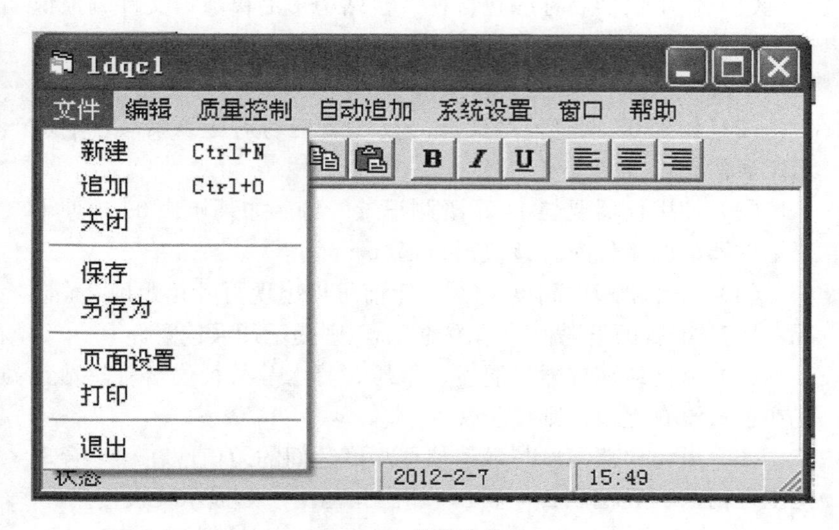

图4-2 软件主界面

4.6.1　数据追加

选择追加后，弹出人机交互式追加，追加完成后自定进入检查和修改界面，如图 4-3 所示。

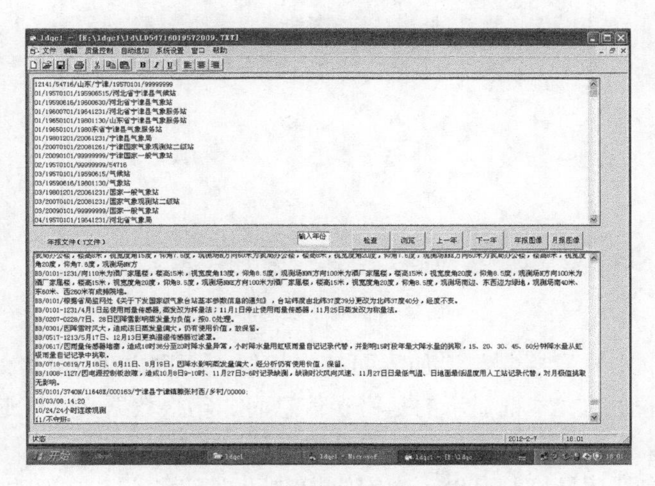

图 4-3　追加后的文件修改界面

在人机交互界面中，软件自动根据区站号、LD 文件结束年代、设定的 Y 文件路径、年报图像路径、月报文件路径自动定位，并将 Y 文件读入文本框，供用户复制粘贴使用，考虑到用户有时需要查阅其他年份的 Y 文件的功能，由于在扫描图像命名时，图像编号有时不能对应备注页，软件提供翻页功能。当指定图像不存在时，软件自动调取图像文件夹的第一张图片，由用户翻阅查询。

考虑到操作方面，追加完成后可在此界面下进行质量控制，按“检查”按钮后，对追加后的 LD 文件进行检查，检查结果放入 LD 文件编辑框下面的文本框，选中错误信息后，LD 文件编辑框中的相应信息字体变红，方便用户修改，直至无错为止。

追加后退出时，自动提示存盘，避免一时糊涂，忘存盘就退出了。

4.6.2 质量控制

质量控制分为单站质量控制和多站质量控制，如图 4-4 所示。

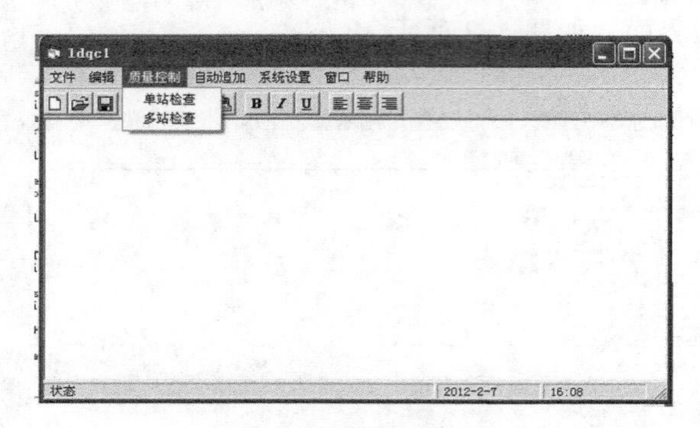

图 4-4　质量控制界面

单站质量控制与追加界面基本相似，不同之处为 LD 文件编辑框下面的文本框显示的是错误信息而非年报数据文件。通过双击该文本框，可以变换为年报数据文件（Y 文件）。

多站质量控制可以一次完成指定目录下所有 LD 文件的操作，检查结果可以按省或按站存放，该功能可以方便管理者对上报的数据文件进行检查。编报者也可以在一起检查完后，再选择自己喜欢用的其他编辑软件进行修改。如图 4-5 所示。

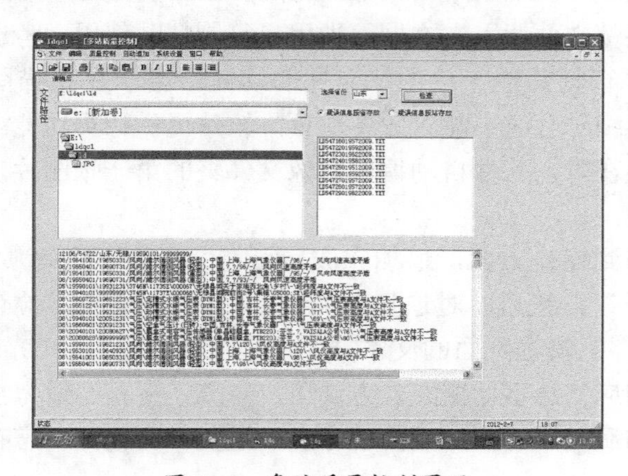

图 4-5　多站质量控制界面

4.6.3　路径设置

为方便查阅使用，可将追加（修改）LD 文件用到的图像文件路径、Y 文件路径、A 文件路径、疑误信息文件路径存放在 File_Path.txt 中。为防止用户输入的格式有误，进入路径设置界面后，自动装入已有的 File_Path.txt，如图 4-6 所示，用户可以直接修改后存盘。如果用户一时想不起这些文件的存放路径，可以点击“重新设置”按钮，通过浏览方式找到你要的文件，读出文件路径，用户就不必考虑 File_Path.txt 格式了。

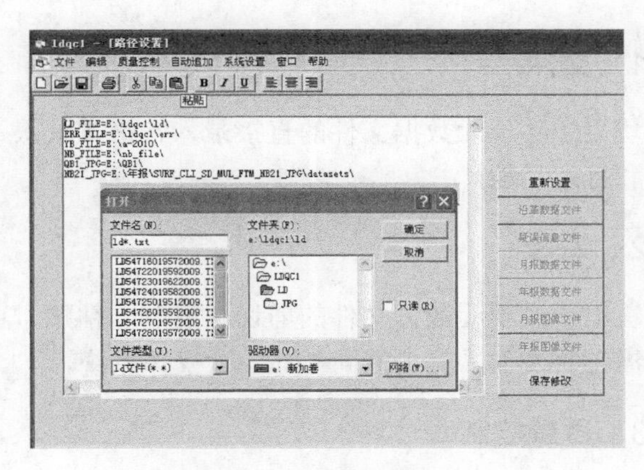

图 4-6　路径设置界面

第5章

软件使用手册

5.1 软件功能概述

5.1.1 文件

该模块用于实现元数据文件的直接录入、格式录入、数据追加、保存和打印功能。

5.1.2 编辑

该模块用于实现元数据文件的剪切、复制、粘贴、查找、继续查找、撤销等操作，其功能同 Windows 操作系统。

5.1.3 质量控制

该模块用于实现单站元数据和多站元数据质量控制。

5.1.3.1 单站质量控制

在进行单站质量控制时，软件可出现两个上下并列的窗口和检查、浏览、上一年、下一年（年报数据文件翻阅）、年报图像、月报图像功能按钮；上面窗口显示内容为要检查的元数据文件，下面窗口显示的为错误信息；用户选中错误信息后，软件自动定位到元数据文件出错位置，同时，如果用户年报图像文件存放路径、年报数据文件存放路径、月报图像文件存放路径设置正确，通过上一年、下一年（年报数据文件翻阅）、年报图像、月报图像功能按钮，可直接链接图像数据文件并显示，方便用户根据下面的错误信息和图像文件核对、修改元数据文件。错误信息文件名显示在窗口左上角，按保存按钮后，错误信息文件按该文件名保存，保存修改过的元数据文件后，可直接通过检查按钮对修改后的文件再检查。

5.1.3.2　多站质量控制

为方便用户对多个站点的元数据文件进行质量检查，软件设计了多站检查方式，可对选中文件夹中的所有站元数据文件进行检查，选中多站检查后，如需把所有站的疑误（错误）信息都放在一个文件中，选择“疑误信息按省存放”；如需每个站疑误信息按站分别存放，选“疑误信息按站存放”。

5.1.4　路径设置

路径设置模块可完成月报表图像（QB1）存放路径，年报图像（QB21）存放路径，年报数据文件（Y文件）存放路径，月报数据文件（A文件）存放路径的设置。

直接修改时，“=”前面的是固定格式，要保持不变，“=”后面为文件的实际存放路径，最后一个字符为“\”。如：

A文件路径：A_FILE=E：\a-2010\

Y文件路径：Y_FILE=E：\nb_file\

月报表图像文件路径：qB1_JPG=E：\QB1_JPG\

年报图像文件路径：

QB21_JPG=E：\年报\SURF_CLI_SD_MUL_YER_QB21_JPG\datasets\

其中：A_FILE=、Y_FILE=、qB1_JPG=、QB21_JPG=和最后的“\”是必须的。

元数据文件路径无需设置，可通过文件浏览方式找到，疑误信息文件自动保存在应用程序下的\err\文件夹下。

5.1.5　联机帮助

该模块用于为用户提供在线帮助文档，方便用户了解软件的操作和提示疑误信息的依据。

5.2 软件使用说明

5.2.1 使用环境

5.2.1.1 硬件环境

普通台式机。CPU 2.0 GHz 以上，内存 2 GB 以上，硬盘 250 GB 以上，显示器 19 英寸以上。

5.2.1.2 操作系统

Windows XP，Windows 2000，Windows 7 等。

5.2.2 系统安装

点击 LDQC1 安装文件夹内的 Setup. exe，软件自动进入安装界面，如图 5-1 所示，用户可使用默认目录安装，也可点击“更改目录”改变安装目录。

图 5-1 安装界面

随后，根据安装向导，完成安装。

完成软件安装后，元数据质量执行程序（LDQC1. EXE）目录下，将自动包含下列文件和目录：

//ldqc1. exe 质量控制主程序

//notepad.exe 文件编辑程序

//reada.dll A0/A 文件动态链接库

//yearstat.dll A0/A 文件动态链接库

//canshu.txt 使用仪器参数文件

//ldqc.txt 质量控制参数

//gf_qc.txt 使用规范参数文件

//file_path.txt 文件路径参数

//help/ldqc.chm 使用帮助文件

//err/ 错情文件存放目录

如无上述文件和目录，用户可拷贝上述文件和创建 ERR 目录。

5.3 操作说明

5.3.1 启动

软件安装完成后，软件会自动添加在开始菜单中，选中后自动进入软件主界面，主界面包含下拉菜单和快捷按钮，如图 5-2 所示。

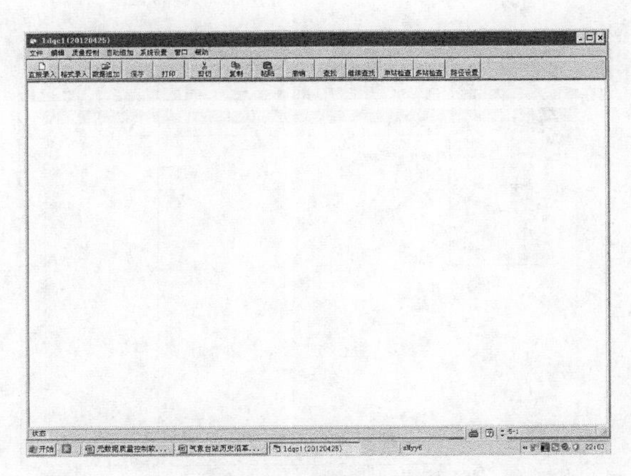

图 5-2 软件主界面

5.3.2 文件

选择菜单“文件”后，弹出下拉菜单，包括直接录入、格式录入、数据追加、文件保存、另存为和打印选项，如图 5-3 所示。

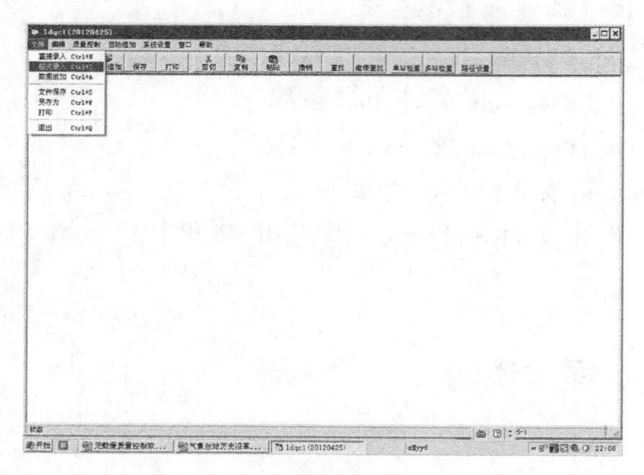

图 5-3　文件选项菜单

选择直接录入，进入直接录入界面，如图 5-4 所示，用户可直接进行录入操作。对于对元数据文件格式熟悉的用户，采取直接录入方式比较方便。

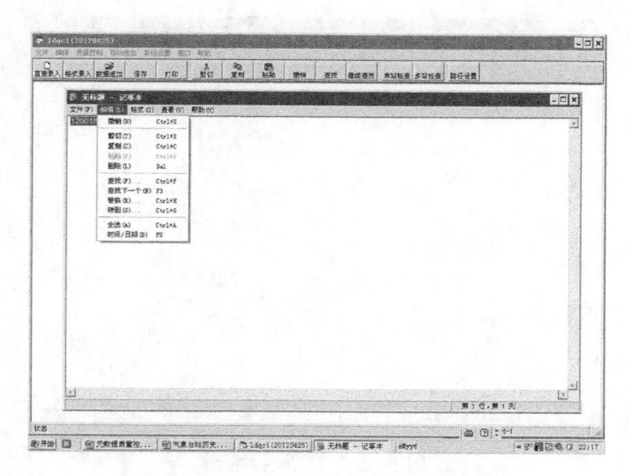

图 5-4　直接录入界面

选择“格式录入”，进入格式录入界面，如图 5-5 所示，用户必须按照元数据格式进行录入，在格式录入时，如输入格式有误，软件将提示用户，直至格式正确方能进入下一步操作。

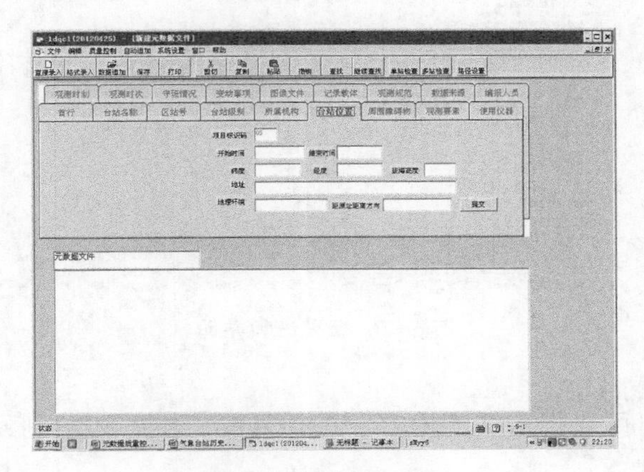

图 5-5 格式录入界面

选择“数据追加”，进入选择元数据选择界面，如图 5-6 所示，用户在选择需要追加的元数据文件后，将元数据文件显示在上面的窗口中，并且，如果需要追加年份（元数据结束年的后一年）的年报数据文件存在，软件自动将该年的年报数据文件显示在下面的文本框中，如图 5-7 所示。

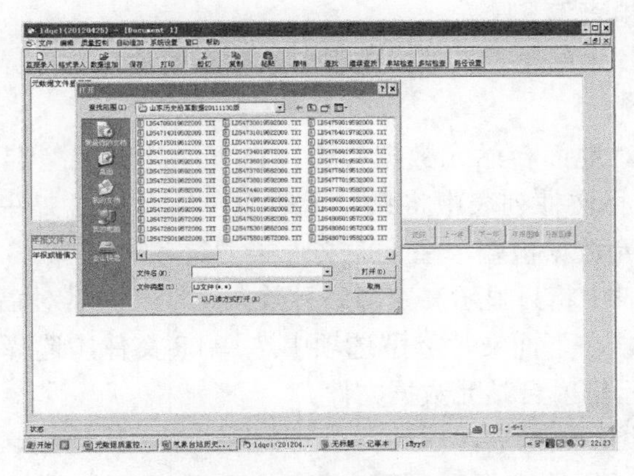

图 5-6 选择元数据文件

图 5-7　数据追加界面

用户可选择需要的内容，进行复制，然后粘贴到元数据文件中。

5.3.3　编辑

软件的编辑功能与 Windows 操作系统的编辑功能一致。

5.3.4　质量控制

选择“质量控制”后，弹出下拉菜单，可选择“单站检查”或“多站检查”。

选择“单站检查”后，出现单站检查的选择文件界面，如图 5-8 所示。

如需对地面台站元数据检查，在下面文件类型选项中选择 LD 的，选择文件列表中将只显示地面台站元数据文件；如需对高空台站元数据检查，在下面文件类型选项中选择 LG 文件，选择文件列表中将只显示高空台站元数据文件；如需对辐射台站元数据检查，在下面文件类型选项中选择 LR 文件，选择文件列表中将只显示辐射台站元数据文件。

文件类型选定后，软件将根据文件类型，按地面、高空、辐射元数据质量检查规则分别进行检查。选择要检查的元数据文

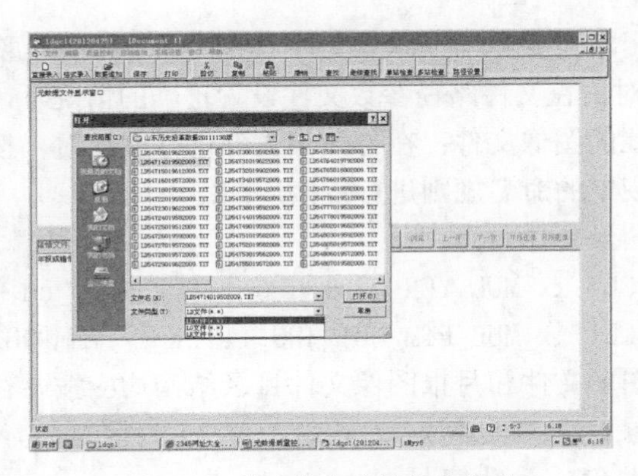

图 5-8 单站检查选择文件界面

件后，软件即对选定的元数据文件进行检查，出现单站检查界面，如图 5-9 所示。检查时，因要对 A 文件进行核对，大概要等 1 ～ 2 min 时间，在等待时为防止误操作，检查界面上的其他按钮变为无效，直至错情文件显示在下面窗口中。检查完成后，检查界面上面窗口为元数据文件，下面窗口为错情（疑误）信息。同时软件将错情文件自动存放在 \err\ 目录下，如果 \err\ 目录不存在，则提示错误信息“文件路径不存在”。

为方便用户查找出错位置，当用户在下面窗口选中错误信息后，软件可自动定位到元数据文件的出错的位置。

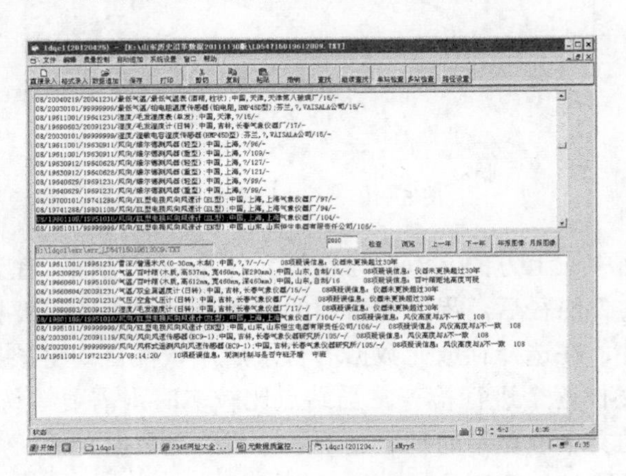

图 5-9 单站检查界面

如果用户需要和年报图像文件（QB-21）、月报图形文件（QB-1）进行核对，在文件路径参数文件设置正确的情况下，软件直接链接到要找的图像文件；在与图像文件进行链接时，按照历史资料信息化规定的命名规则进行链接，即：

年报图像文件名为：

SURF_CLI_xx_MUL_YER_QB21_JPG_IIiii_yyyy_nn.jpg

SURF_CLI_xx_MUL_FTM_QB1_JPG_IIiii_yyyymm_06.jpg

年报图形文件和月报图像文件目录结构均应按站存放，以区站号为目录命名，其中 xx 为省份，IIiii 为区站号，yyyy 为年份，mm 为月份，nn 为序号。

如用户要找的图像文件不存在，软件自动链接到图像文件目录下的第一张图片。如该文件夹不存在，则提示文件没有找到。

选择多站检查后，出现多站检查界面，如图 5-10 所示。

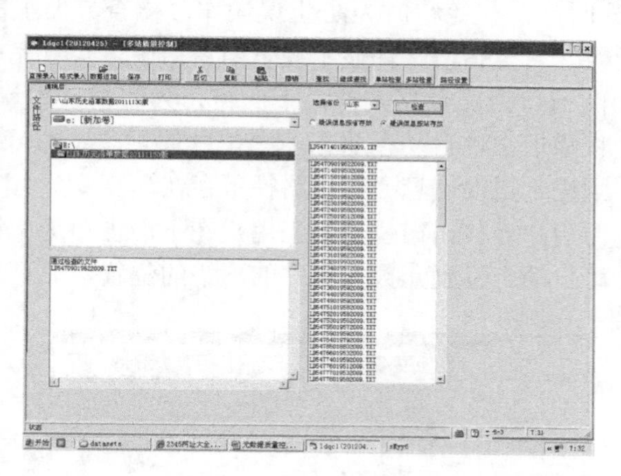

图 5-10　多站检查界面

界面中左上方的文本框为选择文件路径对话框，在选择元数据存放文件路径后，界面中右面的文本框即显示所有要检查的元数据文件，在选择存放元数据的目录后，软件自动将该目录下的元数据文件逐个进行检查。当站点比较多时，需要等待几分钟，左下方的文本框显示的是通过质量检查的元数据文件。

如检查结果需要按站存放，则选择左上角的单选框“疑误信息按站存放”，如检查结果需要按省存放，则在选择相应的省份后，选择单选框“疑误信息按省存放”。

无论选择按省存放，还是选择按站存放，检查结果都存放在 \err\ 目录下，如果 \err\ 目录不存在，则提示错误信息“文件路径不存在”。

按省存放的疑误信息文件名为：山东 _ld_err_file.txt（以山东为例）

按站存放的疑误信息文件名为：err_LD54808019562009.TXT（以 54808 为例）

5.3.5　路径设置

选择“路径设置”进入路径设置界面，如图 5-11 所示。

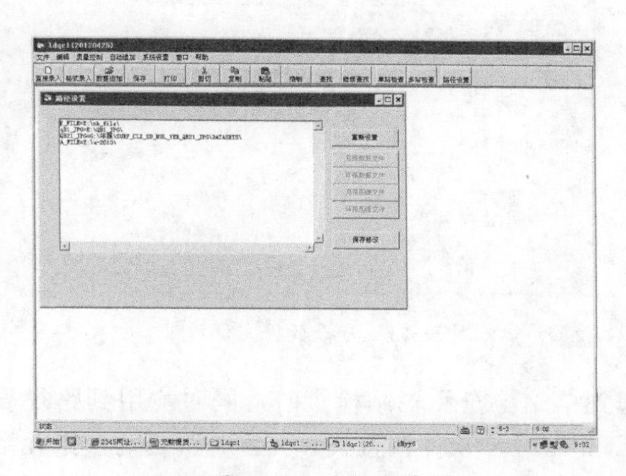

图 5-11　路径设置

点击重新设置将激活，然后即可进行路径设置。如月报数据文件（A 文件）设置，点击月报数据文件后，出现路径选择对话框，如图 5-12 所示。

找到 A 文件后，随意选中一个 A 文件，双击或按“确定”按钮，选中的 A 文件所在文件路径即可出现在文本框中，如图 5-13 所示。

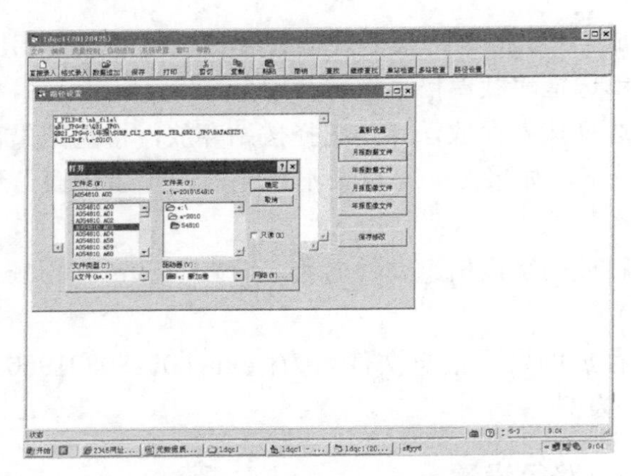

图 5-12　月报数据文件路径设置

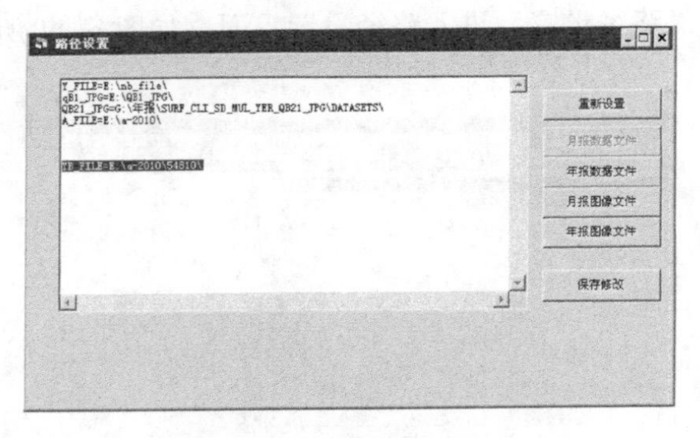

图 5-13　月报数据文件设置

考虑到单站检查和多站检查时，同时均用到路径设置文件(file_path.txt)，软件在查找A文件时，自动根据元数据文件名中的区站号，加上区站号这一级目录，路径设置时只需到区站号子文件夹的上一级目录，因此，需要人工在文本框中删除区站号这一级子目录，同时删除多余空行。

年报数据文件（Y文件）、年报图像文件、月报图像文件与月报数据文件路径设置操作一致。

如果用户熟悉年报数据文件（Y文件）、年报图像文件、月报图像文件以及月报数据文件路径，也可直接在在文本框内编辑。对file_path.txt进行修改。修改时，参考图5-11的路径设置。

特别注意：

路径设置文件“=”前的字符要保持不变；

区站号一级目录，软件自动加上。

5.3.6 联机帮助

选择“帮助”，出现联机帮助窗口，如图 5-14 所示，根据目录提示即可获得帮助信息。

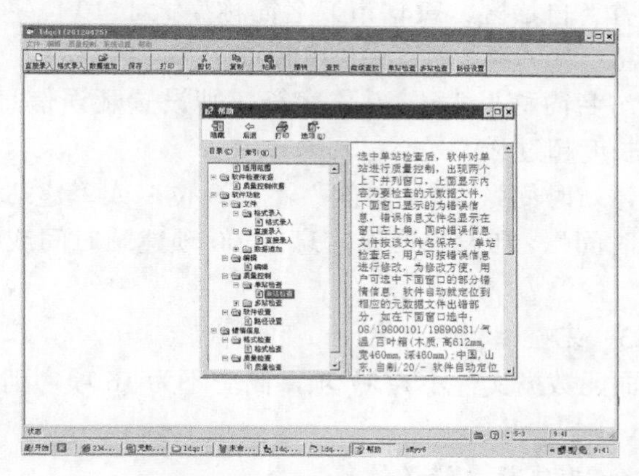

图 5-14 联机帮助界面

5.4 错误（疑误）信息

错误信息为必须改正的信息，疑误信息为需要核查的信息，如与来源一致，可以不改，但要注明。

5.4.1 格式错误

5.4.1.1 文件名错误信息

若元数据数据文件名长度不为 20，且首字母不为“L”，第 2 个字符不为“D”或“G”或“R”，第 3 ～ 7 位不为 5 位合法数字，第 8 位不为“1”或“0”，第 9 ～ 12 位和 13 ～ 16 位为 2 组不符合年份的特征数字，且第 9 ～ 12 位不小于 13 ～ 16 位，第 17 位不为“.”，第 18 ～ 20 位不为“TXT”。则设置错误信息：“00 项文件名格式有误”。

5.4.1.2　首行错误信息

若文件首部数据组不等于 6 组，则设置错误信息：“00 项首部数据组数目不为 6”；

若“档案号”“区站号”不为 5 位数字，则设置疑误信息：“00 项档案号或区站号格式有误”；

若“省（自治区、直辖市）名简称”大于 10 位字符，则设置疑误信息：“00 项省名简称长度超过 10”；

若“站名简称”大于 20 位字符，则设置疑误信息：“00 项站名简称长度超过 20”；

若“建站时间”“撤站时间”不为 8 位，或“建站时间”迟于“撤站时间”，则设置疑误信息：“00 项建站时间或撤站时间有误”。

5.4.1.3　完整性错误信息

若地面元数据文件不为 17 项，高空不为 16 项，则设置错误信息：“xx 项缺少”。

5.4.1.4　重复记录错误信息

元数据文件中，若有两条或以上相同记录，则设置疑误信息：“xx 项存在重复记录”。

5.4.1.5　台站名称（01 项）错误信息

该项若不等于 4 组，则设置错误信息：“01 项数据组数目不为 4”；

若“开始年月日”和“终止年月日”不为 8 位数字，且“开始年月日”迟于“终止年月日”，则设置疑误信息：“01 项日期格式有误”。

5.4.1.6　区站号（02 项）错误信息

该项数据组若不为 4 组，则设置错误信息：“02 项数据组数目不为 4”；

若“开始年月日”和“终止年月日”不为 8 位数字，且“开始年月日”迟于“终止年月日”，则设置错误信息：“02 项日期格式有误”；

若“区站号”数据组字符长度不为5位，则设置疑误信息：“02项区站号不为5位”。

5.4.1.7　台站级别（03项）错误信息

该项数据组若不等于4组，则设置错误信息：“03项数据组数目不为4”；

若“开始年月日”和“终止年月日”不为8位数字，且“开始年月日”迟于“终止年月日”，则设置错误信息：“03项日期格式有误”。

5.4.1.8　所属机构（04项）错误信息

该项数据组若不等于4组，则设置错误信息：“04项数据组数目不为4”；

若“开始年月日”和“终止年月日”不为8位数字，且“开始年月日”迟于“终止年月日”，则设置错误信息：“04项日期格式有误”。

5.4.1.9　台站位置（05项）错误信息

地面和辐射气象台站若不等于9组，则设置错误信息：“05项数据组数目不为9”；

高空气象台站若不等于7组，则设置错误信息：“05项数据组数目不为7”；

若“开始年月日”和“终止年月日”不为8位数字，且“开始年月日”迟于“终止年月日”，则设置错误信息：“05项日期格式有误”；

若“纬度”不为5位且最后一位不为“N”，则设置错误信息：“05项纬度格式有误”；

若“经度”不为6位且最后一位不为“E”，则设置错误信息：“05项经度格式有误”；

若“观测场海拔高度”数据组不为6位，则设置错误信息：“05观测场海拔高度格式有误”；

地面和辐射台站若“距原址距离方向”数据组不为9位，则设置错误信息：“05项距原址距离长度不为9位”。

5.4.1.10 台站周围障碍物（06 项）错误信息

地面和辐射台站项若不等于 8 组，则设置错误信息：“06 项数据组数目不为 8”；

若“开始年月日”和“终止年月日”不为 8 位数字，且“开始年月日”迟于“终止年月日”，则设置错误信息：“06 项日期格式有误”；

若“方位”超过 3 位，则设置错误信息：“06 项方位长度超过 3 位”；

若“障碍物名称”超过 6 位，则设置错误信息：“06 项障碍物名称超过 6 位”；

若“仰角”和“宽度角”不等于 2 位，则设置错误信息：“06 仰角或宽度角长度不为 2 位”；

若“距离”不等于 5 位，则设置错误信息：“06 障碍物距离长度不为 5 位”；

高空气象台站历史沿革数据文件台站周围障碍物（06 项）不编报，若 LG 文件中包含 06 项，则设置错误信息：“06 项格式有误”。

5.4.1.11 观测要素（07 项）错误信息

该项数据组若不等于 4 组，则设置疑误信息：“07 项数据组数目不为 4”；

若“开始年月日”和“终止年月日”不为 8 位数字，且“开始年月日”迟于“终止年月日”，则设置疑误信息：“07 项日期格式有误”。

5.4.1.12 使用仪器（08 项）错误信息

地面、辐射台站历史沿革文件项若不等于 7 组，则设置错误信息：“08 项数据组数目不为 7”；

高空台站历史沿革文件项若不等于 5 组，则设置错误信息：“08 项数据组数目不为 5”；

若“开始年月日”和“终止年月日”不为 8 位数字，且“开始年月日”迟于“终止年月日”，则设置错误信息：“08 项日期格式有误”；

若“仪器设备名称”无“；”，则设置疑误信息：“08 项仪器设备名称缺少内容或“；”；

若观测仪器设备名称无“(”和“)”，或生产厂家少于两个“,”，则设置疑误信息：“08 项仪器设备名称缺少（）或内容”；

地面和辐射台站，若“仪器距地或平台高度”超过 6 位，则设置错误信息：“08 项数据长度超过 6 位”；

地面和辐射台站，若“平台距观测场地面高度”超过 4 位，则设置疑误信息：“08 项数据长度超过 4 位”。

5.4.1.13　观测时制（09 项）错误信息

该项数据组若不等于 4 组，则设置疑误信息：“09 项数据组数目不为 4”；

若“开始年月日”和“终止年月日”不为 8 位数字，且“开始年月日”迟于“终止年月日”，则设置疑误信息：“09 项日期格式有误”。

5.4.1.14　观测时间（10 项）错误信息

该项地面、辐射台站历史沿革数据文件数据组若不等于 5 组，则设置错误信息：“10 项数据组数目不为 5”；

该项高空台站历史沿革数据文件数据若不等于 6 组，则设置错误信息：“10 项数据组数目不为 6”；

高空台站历史沿革数据文件中，若“观测项目”数据组长度大于 4 位，则设置错误信息：“10 项观测项目长度超过 4 位”；

若“开始年月日”和“终止年月日”不为 8 位数字，且“开始年月日”迟于“终止年月日”，则设置错误信息：“10 项日期格式有误”；

若“观测次数”数据组长度大于 4，则设置错误信息：“10 项观测次数长度超过 4 位”；

若“观测时间”数据组长度大于 72，则设置错误信息：“10 项观测时间长度超过 72”。

5.4.1.15　守班情况（11 项）错误信息

该项数据组若不等于 4 组，则设置错误信息：“11 项数据组数目不为 4”；

若“开始年月日”和“终止年月日”不为8位数字，且“开始年月日”迟于“终止年月日”，则设置错误信息：“11项日期格式有误”；

若“夜间守班情况”超过6位（3个汉字），则设置错误信息：“11项长度超过6位”；

若LG文件或LR文件包含此项，则设置错误信息：“11项不应编报”。

5.4.1.16　其他变动事项（12项）错误信息

该项数据组若不等于4组，则设置错误信息：“12项数据组数目不为4”；

若“开始年月日”和“终止年月日”不为8位数字，且“开始年月日”迟于“终止年月日”，则设置错误信息：“12项日期格式有误”。

5.4.1.17　图像文件（13项）错误信息

该项数据组若不等于3组，则设置错误信息：“13项数据组数目不为3”；

若图像文件名格式不为：LDIIiii[x]YYYYxx.JPG（或TIF/GIF），LGIIiii[x]YYYYxx.JPG（或TIF/GIF），LRIIiii[x]YYYYxx.JPG（或TIF/GIF），“YYYY”为图像文件形成年份，“xx”为图像文件顺序号，数据组字符长度大于18，则设置错误信息：“13项文件名格式有误”；

若图像文字说明数据组字符长度大于60，则设置错误信息：“13项图像文字说明长度超过60”。

5.4.1.18　观测记录（14项）错误信息

该项数据组若不等于4组，则设置错误信息：“14项数据组数目不为4组”；

若“开始年月日”和“终止年月日”不为8位数字，且“开始年月日”迟于“终止年月日”，则设置错误信息：“14项日期格式有误”；

若“观测记录载体名称”数据组字符长度大于60，则设置错误信息：“14项观测记录载体名称长度超过60”。

5.4.1.19 观测规范（15 项）错误信息

该项数据组若不等于 5 组，则设置疑误信息：“15 项数据组数目不为 5”；

若“开始年月日”和“终止年月日”不为 8 位数字，且“开始年月日”迟于“终止年月日”，则设置错误信息：“15 项日期格式有误”；

若“观测规范名称及版本”数据组字符长度大于 60，则设置错误信息：“15 项观测规范名称及版本长度超过 60”；

若“颁发机构”数据组字符长度大于 60，则设置错误信息：“15 项颁发机构长度超过 60”。

5.4.1.20 沿革数据来源（19 项）错误信息

该项数据组若不等于 2 组，则设置错误信息：“19 项数据组数目不为 2”；

若“沿革数据来源”数据组字符长度大于 60，则设置错误信息：“19 项沿革数据来源长度超过 60”。

5.4.1.21 文件编报人员（20 项）错误信息

该项数据组若不等于 2 组，则设置错误信息：“20 项数据组数目不为 2”；

若“文件编报人员”数据组字符长度大于 18，则设置错误信息：“20 项编报人员长度超过 18”；

若“审核人员”数据组字符长度大于 18，则设置错误信息：“20 项审核人员长度超过 18”；

若“编报日期”不为 8 位数字，则设置疑误信息：“20 项编报日期不为 8 位”。

5.4.2 质量疑误

5.4.2.1 时间一致性疑误信息

若文件名、文件首部中开始时间与“台站名称（01 项）”“区站号（02 项）”“台站级别（03 项）”“所属机构（04 项）”“台站位置（05 项）”“台站周围障碍物（06 项）”“观测时制（09 项）”“观测时间（10 项）”“守班情况（11 项）”“观测记录（14 项）”“观测规范（15 项）”的第一条起始时间不一致，则设置疑误信息：“文件名（首部）开始时间与 xx 项开始时间不一致”。

项目“台站名称（01 项）”“区站号（02 项）”“台站级别（03 项）”“所属机构（04 项）”“台站位置（05 项）”“台站周围障碍物（06 项）”“观测时制（09 项）”“观测时间（10 项）”“守班情况（11 项）”“观测记录（14 项）”“观测规范（15 项）”的第一条起始时间，若以上各项起始时间不一致，则设置疑误信息：“xx 项与 xx 项开始时间不一致”。

若“观测要素（07 项）”中各要素最早的起始时间与首部信息不吻合，在“其他变动事项说明（12 项）中无说明，则设置疑误信息：“07 项 xx 要素开始时间与首部信息不一致，12 项无备注”。

5.4.2.2　起、止时间连续性疑误信息

若同一数据项中，若后一条记录的开始年月日和前一条记录的终止年月日不连续，则设置疑误信息：“xx 项前后记录时间不连续”。

5.4.2.3　日期合理性错误信息

起始年月日和终止年月日，若月份为 1，3，5，7，8，10，12，日期不是“88”且大于“31”，则设置错误信息：“xx 项日期大于 31”；

若月份为 4，6，9，11，日期不是“88”且大于“30”，则设置错误信息：“xx 项日期大于 30”；

若月份为 2 月且是闰年，日期不是“88”且大于“29”，则设置错误信息：“xx 项日期大于 29”；

若月份为 2 月且不是闰年，日期不是“88”且大于“28”，则设置错误信息：“xx 项日期大于 28”。

5.4.2.4　区站号合理性疑误信息

检查与文件名、文件首部、对应的 A 文件中包含的区站号是否一致。

若区站号项（02 项）最后一行中的区站号与文件名区站号不一致，则设置疑误信息：“02 项区站号与文件名中区站号不

一致”；

若区站号项（02 项）最后一行中的区站号与文件首部区站号不一致，则设置疑误信息：“02 项区站号与文件首部中区站号不一致”；

若 02 项区站号与 Y（A）文件中区站号不一致，则设置疑误信息：“02 项区站号与 Y（A）文件中区站号不一致”。

5.4.2.5　台站级别称谓（03 项）疑误信息

若某时间段内台站级别称谓（03 项）使用的台站级别称谓在参考表中没有找到，则设置疑误信息：“03 项台站级别称谓与参考表内容不一致”；

若台站级别为基本站，而 10 项应不为 4 次观测，则设置疑误信息：“03 项台站级别称谓与 10 项内容不一致”。

5.4.2.6　台站位置（05 项）疑误信息

“台站环境（05 项）”的变化时，若“障碍物（06 项）”无变化，则设置疑误信息：“05 项环境变化 06 项障碍物未变”。

标识符为“05”时，同一条记录中的“距原址距离方向”若为“00000；000”，则设置疑误信息：“05 项内容不一致”。

标识符为“55”时，“距原址距离方向”若不为“00000；000”，则设置疑误信息：“05 项内容不一致”。

纬度、经度和观测场海拔高度若与 A（A0）文件或 Y 文件中的纬度、经度和观测场海拔高度不一致，则设置疑误信息：“05 项经纬度或海拔高度与 A（A0）文件或 Y 文件不一致”。

对于与 LD 文件区站号相同 LG 或 LR 文件，其台站位置（05 项）变动情况应一致，若不一致，则设置疑误信息：“05 项 LD 与 LG 或 LR 台站位置变化不一致”。

台站地理环境若不包含在《台站历史沿革数据文件编报说明》附件 2 台站地理环境参考表内，则设置疑误信息：“05 项地理环境称谓不包含在参考表内”。

距原址距离和方向，若与通过两点的经纬度计算得出的距原址距离和方向不一致，则设置疑误信息：“05 项距原址距离与计算不符”。

5.4.2.7 障碍物（06 项）疑误信息

1．方位合法的 16 方位应为“N、NNE、NE、ENE、E、ESE、SE、SSE、S、SSW、SW、WSW、W、WNW、NW、NNW”之一，否则为非法方位，则设置错误信息：“06 项存在非法方位”。

2．障碍物高度检查：障碍物高度 $h=\tan A\times S$，其中：A 为仰角，S 为障碍物距离，障碍物高度应符合实际情况，超出实际情况时，提出疑问：

障碍物为山体时，其相对高度若超过 2000 m（因为此高度为相对高度），则设置疑误信息：“06 项山体超过 2000 m”；

障碍物为建筑物时，其相对高度若超过 80 m，则设置疑误信息：“06 项建筑物超过 80 m”；

障碍物为树木时，其相对高度若超过 30 m，则设置疑误信息：“06 项树木超过 30 m”。

3．仰角检查：根据《地面气象观测规范》中障碍物定义：障碍物高度与障碍物到观测场距离之比为 1 ∶ 10，换算成仰角为 3°，因此，障碍物仰角小于 3° 时，不为障碍物，若出现障碍物仰角小于 3°，则设置疑误信息：“06 项仰角小于 3° 不为障碍物”。

4．宽度角检查：障碍物采用 16 方位表示，每个方位不应大于 23°，若超过 23°，则设置疑误信息：“06 项方位角大于 23°”。

5.4.2.8 观测要素错误信息

1．若 LD 数据文件中出现的观测要素名称在附件 3 中没有找到，则设置疑误信息：“07 项存在非法要素名称”。

2．1980 年前地面观测“积雪密度”，而未观测“雪压”，若在此时间段内出现观测要素名称为雪压，则设置疑误信息：“07 项 1980 年前不观测雪压”。

3．若 07 项存在某种器测要素，而该时间段 08 项没有相应的使用仪器，则设置疑误信息：“07 项观测要素与 08 项使用仪器不一致”。

5.4.2.9 使用仪器疑误信息

1．若使用仪器名称不包含在《台站历史沿革数据文件编报说明》附件 5：部分仪器设备的生产厂家与启用年代参考表中，则设置疑误信息："08 项使用仪器不存在"；

若该仪器的开始使用时间早于该仪器的启用时间，则设置疑误信息："08 项使用仪器开始时间早于仪器的启用时间"（参考表中没有给出启用时间的，不做判断）。

2．若 08 项有使用某种仪器，而 07 项没有对应观测要素，则设置疑误信息："08 项使用仪器与 07 项观测要素不一致"。

3．使用仪器要与 14 项观测记录一致，若某年代 08 项使用某种自记仪器，而同一时间段内 14 项没有该仪器的记录载体（自记纸），则设置疑误信息："08 项使用仪器与 14 项记录载体不一致"。

4．若风向风速仪器、温度、气压、降水等某种仪器从建站到现在一直没有更换，则设置疑误信息："08 项 xx 使用仪器长时间没有更换"。

5．风向仪器高度与风速仪器高度之间的差值应在一个合理范围之内，维尔德测风器风向风速的高度差为 05（0.5 m），EL 型电接风风向风速的高度差为 03（0.3 m），若超出此范围，则设置疑误信息："08 项百风向与风速高度差有误"。

6．风仪高度应与 Y 文件、A（A0）文件中风仪高度一致，否则，则设置疑误信息："08 项风仪高度与 Y 文件、A（A0）文件不一致"。

7．气压表高度应与 Y 文件、A（A0）文件中气压表高度一致，否则，则设置疑误信息："08 项气压表高度与 Y 文件、A(A0) 文件不一致"。

8．气温仪器的高度：1954 年前高度不一，有 13，12，15，16 等（即为 1.3 m、1.2 m、1.5 m、1.6 m）情况，1954 年 1 月 1 日—1960 年 12 月 31 日气温仪器的高度为 20（2.0 m），1961 年 1 月 1 日至今气温仪器的高度为 15（1.5 m），若某时间段内，温度表高度与当时规定不符，则设置疑误信息："08 项温度表高度与当时规定不一致"。

9．雨量器的高度：1954 年前高度不一，有 03，07，06 等

（0.3 m、0.7 m、0.6 m）；1954 年 1 月 1 日—1960 年 9 月 30 日雨量器的高度为 20（2.0 m）；1960 年 10 月 1 日至今雨量器的高度为 07（0.7 m），若某时间段内，雨量器高度与当时规定不符，则设置疑误信息：“08 项雨量器高度与当时规定不一致”。

5.4.2.10　观测时制疑误信息

对于 1954 年后的 09 项观测时制，若出现“地方时”，则应编报为“地方平均太阳时”；否则，则设置疑误信息：“09 项应为“地方平均太阳时”。

1951—1953 年的地面定时观测时制有 120° E 标准时、105° E 标准时和 90° E 标准时三种，若不为以上三种，则设置疑误信息：“09 项观测时制与当时规定不一致”。

5.4.2.11　观测时间疑误信息

若 10 项观测时间中的观测次数为“4”，而 11 项守班情况为“不守班”，或 10 项观测时间中的观测次数为“3”，而 11 项守班情况为“守班”，则设置疑误信息：“10 项观测时间与 11 项守班情况不一致”。

5.4.2.12　图像文件疑误信息

若 13 项中列出的图像文件，“\jpg\”文件夹下不存在，或图像文件名格式不为 LDIIiii[x]YYYYxx.JPG（或 TIF/GIF），LGIIiii[x]YYYYxx.JPG（或 TIF/GIF），LRIIiii[x]YYYYxx.JPG（或 TIF/GIF），其中：“IIiii”为区站号，应与文件名中的区站号一致，“YYYY”为图像文件形成年份，“xx”为图像文件顺序号，则设置疑误信息：“13 图像文件名有误”。

5.4.2.13　观测规范疑误信息

若观测规范称谓在附件 3 中没有找到，或 14 项开始时间和结束时间与参考表中的执行时间不一致，则设置疑误信息：“14 项使用观测规范有误”。

第6章

统计结果输出

为便于气象台站元数据统计分析，了解全国或全省各项台站元数据变动情况，“台站元数据质量软件”可选择单站统计输出或多站统计输出方式，自动统计输出各项变动情况，用户可根据需求，选择并以文本文件或图形方式输出统计结果，图形方式可输出柱状图和饼状图，各项台站元数据变动次数随时间变化可以以柱状图形式输出；各项变动次数变动所占百分比可以以饼状图形式输出。

6.1 历年各项台站元数据变动次数

各项台站元数据变动次数统计图形输出可直观地反映出全国或全省不同年代变动站次数。

6.1.1 台站名称变动情况

根据统计结果：1950—2011 年全国台站名称变动较大的年份出现在 1960 年、2007 年和 2009 年（图 6-1）。

1960 年，因全国增加台站较多，体现到台站名称变动较大；2007 年，根据中国气象局要求，将国家基本站、一般站改为国家气象观测站一级站和二级站；2009 年，根据中国气象局要求，将国家气象观测站一级站、二级站改回国家基本站和国家一般站，致使台站名称变动较大。

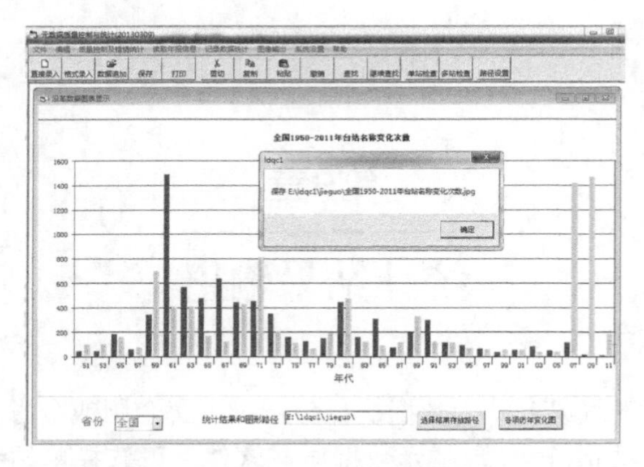

图 6-1　全国 1950—2011 年台站名称变动情况

6.1.2　台站位置变动情况

根据统计结果：1950—2011 年全国台站位置变动出现三个高发阶段，1958—1966 年，1978—1984 年和 1999—2007 年。从 1951 年开始因台站数量的逐年增加，引起台站位置变动较多，主要出现在 1958—1966 年，1959 年变化最多；1978—1984 年主要是因为海拔高度由估测改为实测引起，1980 年最多；1999—2007 年因城市发展，观测环境受到影响，引起迁站较多。见图 6-2。

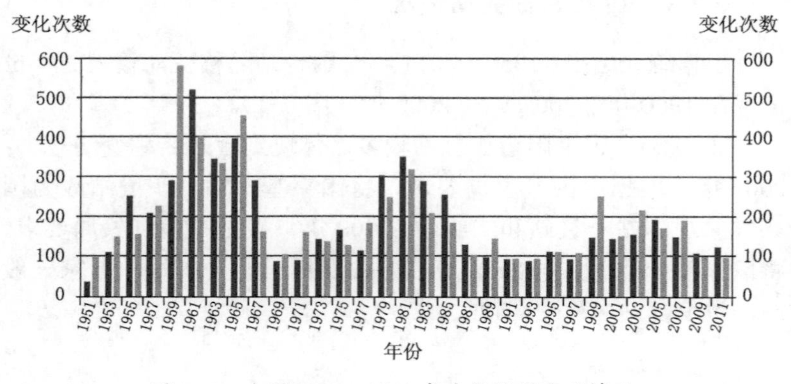

图 6-2　全国 1950—2011 年台站位置变动情况

6.1.3　台站所属机构变动情况

根据统计结果：1950—2011 年全国所属机构 1973 年以前变动较大，除台站增加原因外，另一原因是全国气象台站归属名称变化较大，地面气象台站所属机构经历了军区到地方、气象与水文部门分合等八次改制变化，除 1955—1973 年各台站稍有差别外，其他时段都一致，1979—1981 年变化大的原因是全国气象台站归属都改为各省气象局，见图 6-3。

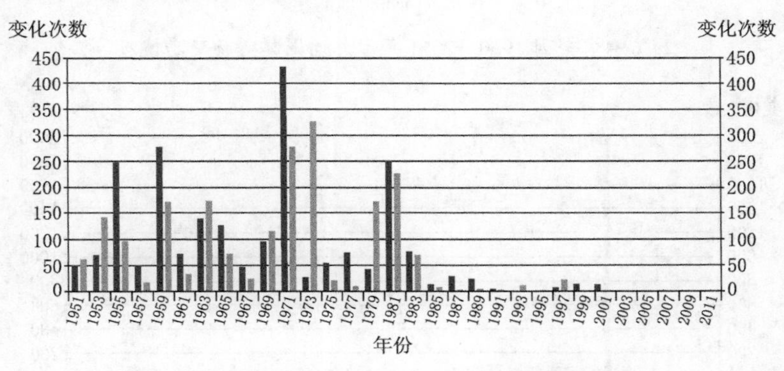

图 6-3　全国 1950—2011 年台站隶属变动情况

6.1.4　台站障碍物变动情况

根据统计结果：1950—2011 年全国台站周围障碍物变动较大为 1983—1984 年和 1995—2007 年，其中 1983 年和 2007 年最为突出，1983—1984 年变动较大部分原因是采用新规范引起，1995—2007 年的主要原因是城市建设引起，2007 年障碍物增加站点数 1600 个以上，见图 6-4。

6.1.5　观测时制变动情况

根据统计结果：1950—2011 年全国台站观测时制变动主要出现在 1960 年，根据地面观测规范 1960 年观测时制由地方太阳时改为北京时，1960 年有 2000 个站点观测时制变动，见图 6-5。

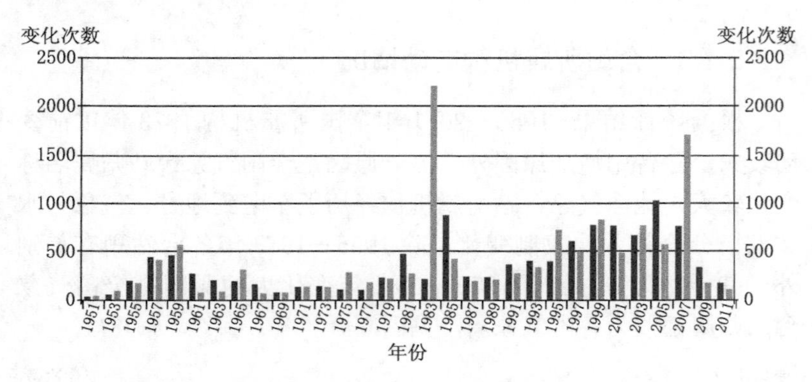

图 6-4　全国 1950—2011 年台站周围障碍物变动情况

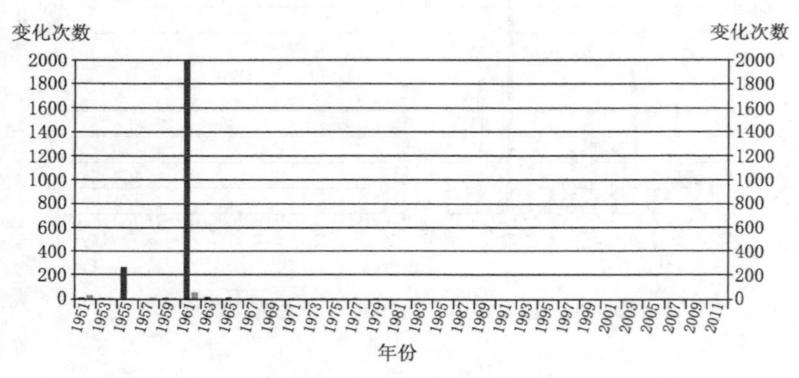

图 6-5　全国 1950—2011 年台站观测时制变动情况

6.1.6　台站级别变动情况

根据统计结果：1950—2011 年全国台站台站级别变动较大的年份出现在 1980 年、2007 年和 2009 年（图 6-6）。

台站级别的变化主要集中在 5 个时间段：1951—1953 年有甲种、乙种两类气象站；1954—1979 年有气象站（台）、气候站、基本站；1980—2006 年有国家基准气候站、国家基本气象站、国家一般气象站、观测辅助站、无人值守气象站；2007 年分为国家气候观象台、国家气象观测站一级站、国家气象观测站二级站、区域气象观测站。2009 又分为国家基准气候站、国家基本气象站、国家一般气象站、观测辅助站、无人值守气象站。

6.1.7　使用仪器变动情况（以降水使用仪器为例）

降水观测分为定时降水观测和自记降水观测。

定时降水：主要观测仪器有（14 cm、16 cm、20 cm 口径）有防风圈雨量器（1960 年 10 月起取消防风圈）、20 cm 口径无防风圈雨量器、双翻斗雨量传感器、单翻斗雨量传感器。

自记降水：主要观测仪器有 20 cm 口径日转虹吸式雨量计，20 cm 口径日转翻斗式遥测雨量计、遥测雨量计。

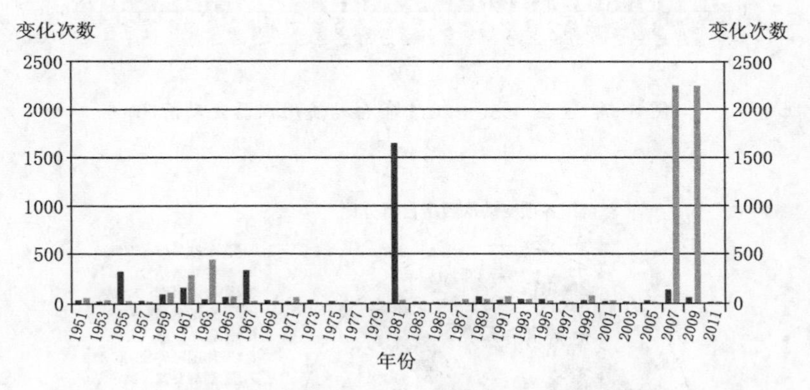

图 6-6　全国 1950—2011 年台站级别变动情况

变动的原因主要有仪器名称、仪器型号、生产国家、所在城市、厂家、仪器的高度。变化的时间段多集中在 1960 年、1980 年、2004 年前后，三个时间段变化大的原因：1960 年主要因为取消防风圈，1980 年新规范的使用，2003—2004 年主要是自动站的启用，见图 6-7。

6.2　各项变动次数所占百分比

1950—2011 年全国各项台站元数据变动次数所占百分比统计图形输出可直观地反映出全国或全省总的变动情况，其中台站隶属、台站位置、观测时间、观测时制和事项说明变动最多在8.2%～9.8%，见图6-8。

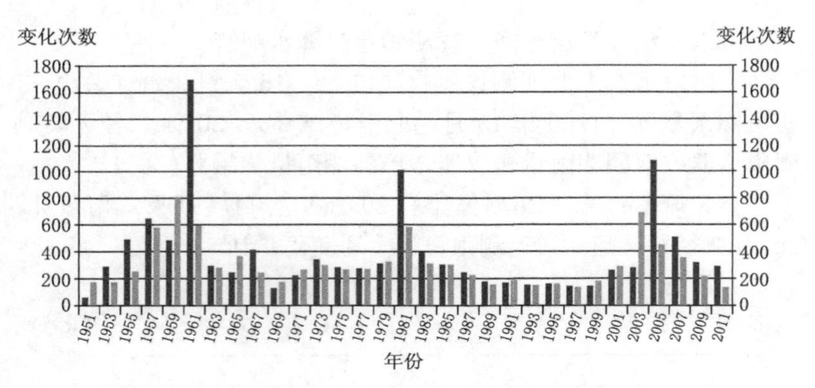

图 6-7　全国 1950—2011 年台站使用仪器变动情况

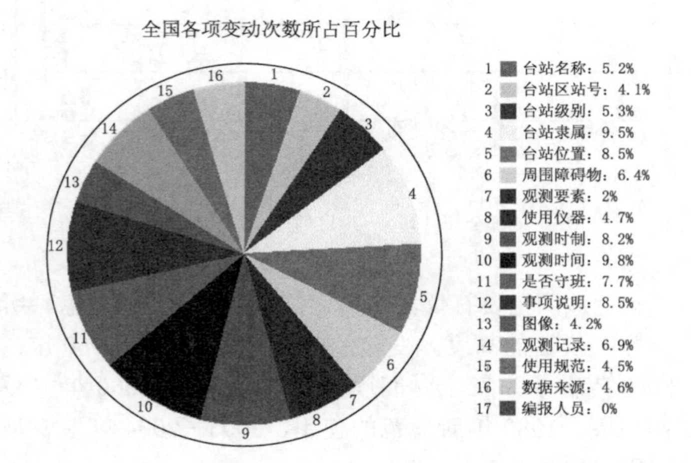

图 6-8　1950—2011 年全国各项台站元数据变动次数所占百分比

参考文献

国家气象局，1989. 地基气象探测系统发展方案 [M]. 北京：气象出版社.

中国气象局，2003. 地面气象观测规范 [M]. 北京：气象出版社.

中国气象局，1981-1985、1986-1990、1991-1995. 全国气象事业统计资料 [M]. 北京：气象出版社.

中国气象局，1983-1997. 气象统计年鉴 [M]. 北京：气象出版社.

中国气象局，1986-1998. 中国气象年鉴 [M]. 北京：气象出版社.

中央气象局，1954. 气象观测暂行规范 [S].

中央气象局，1955. 气象台站等级划分及气象业务范围暂行标准 [S].

中央气象局，1959. 中华人民共和国气象台站哨站号历史沿革 [S].

中央气象局，1961. 地面气象观测规范 [S].

中央气象局，1979. 地面气象观测规范 [M]. 北京：气象出版社.

附录A

气象台站历史沿革数据文件编报说明

为了规范本次“气象台站历史沿革数据文件”的编制工作，根据课题组要求，台站沿革数据集技术组编写了本说明，请各专题参照说明编报气象台站历史沿革数据文件。

一、编报对象

本次编报的对象为包括已撤销台站在内的全部高空和地面气象台站，观测时间不足5年的撤销站由各专题自行决定编报与否。

二、编报要求

要求按照气象行业标准《气象台站历史沿革数据文件格式(QX/T37-2005)》进行台站历史沿革数据文件编报。在行标基础上，补充和强调说明以下几点。

1. 行标中明确要求不进行编报的项目略去该项，而不以“/-/”表示。行标中明确要求不编报的项目有：（1）高空沿革数据文件不编报05项“台站位置”中的“台站地理环境”和“距原址距离方向”；（2）高空沿革数据文件不编报06项“台站周围障碍物”；（3）高空沿革数据文件不编报08项“观测仪器”中的“仪器距地或平台高度”和“平台距观测场地面高度”；（4）地面和辐射沿革数据文件不编报10项“观测时间”中的“观测项目”；（5）高空和辐射沿革数据文件不编报11项“守班情况”。

2. 取消如下项目的字符长度限制：01项中的“台站名称”、04项中的“所属机构”、05项中的“地址”和“台站地理环境”、07和08项中的“要素名称”、08项中的“仪器设备名称”、09项中的“观测时制”、10项中的“观测时间”、12项中的“事项说明”、13项中的“图像文字说明”、14项中的“观测记录载体名称”、15项中的“观测规范名称及版本”、19项中的“沿革数据来源”。

3. 沿革数据文件和附加图像文件的命名一定要有专用识别码，具体见《气象台站历史沿革数据文件格式》（QX/T37—2005）。

4. 数据文件中出现的标点符号均使用半角，出现全角的标点符号均视为错情。

5. 03项“台站级别”参考附件1编报；高空站级别编报“探空站”、“测风站”（仅进行测风探测，不进行探空的高空站）；1987—2006年地面台站级别曾出现过“气象辅助站”。

6. 05项“台站位置”的“台站地理环境”参考附件2编报；要注意台站迁移方向应编报新址相对于旧址的方位，例：新站址为2800N，11100E，旧站址为2800N/11000E，则迁移方向为E；高空站的海拔高度以“高空压温湿观测记录月报表（高表-2）”的记录为准。

7. 06项要自建站编起，无障碍物，以“-”编报；障碍物情况不明，以“?”编报；障碍物方位应按16方位以大写英文字母编报，宽度角不超过23°；仰角小于5°的障碍物无需编报；通过距离和仰角换算的障碍物高度应为合理值；当前的台站周围障碍物不应为不明。

8. 07项“观测要素”的“要素名称”参考附件3编报。相对湿度、湿球温度、毛发湿度、露点温度等一律统一编报为“湿度”。人工、自记和自动观测的气象要素一律统一编报为基本气象要素，例如人工、自记和自动观测的气温统一编报为“气温”。不再编报77项，仅以07项目的开始和终止年月日来表示相应气象要素的实际观测时段；地温项目中的“cm”以小写英文字母编报；高空站的要素名称编报为“高空风”或“高空压温湿”。

9. 08项的“要素名称”应与07项保持一致；仪器生产厂家发生变化需要编报；08项“观测仪器”的“仪器设备名称”按照“观测仪器设备名称（规格型号）；生产国别，省名简称，厂家名称”的形式编报，其中规格型号可以有以半角逗号间隔的多项内容。无论何级单位自制的仪器，厂家名称一律编报“自制”。若规格型号不详，则括号略去不编报。若生产国别和厂家不详，则编报“观测仪器设备名称（规格型号）；?，?，?”。例如，上海气象仪器厂生产的20 cm口径的无防风圈DSM1型雨量器和河北省保定市气象局自制的木质百叶箱的编报格式分别为“雨量器（20 cm口径，无防风圈，DSM1型）；中国，上海，上海气象仪器厂”和“百叶箱（木质，高612 mm，宽460 mm，深460 mm）；中国，河北，自制”；风向和风速的仪器高度不同，要求分别编报；百叶箱的“要素名称”编报为“气温”；气压传感器的高度要求为海拔高度，字节数不超过6位，不含实测或约测参数位，且数值应为不低于05项台站海拔高度的合理数据；高空站沿革数据文件不编报用于校准探空仪的地面气压和气温的观测仪器；自动观测仪器的开始时间取平行观测的开始时间；对于平行观测结束后，不再形成观测簿和记录报表的，人工观测仪器的结束时间取平行观测的结束时间。

10. 08项“观测仪器”的“仪器设备名称”参考附件4-1和附件4-2编报；部分仪器的生产厂家参见附件5。若仪器型号、名称和生产厂家在附件4-1、附件4-2、附件5之外，则如实编报。

11. 对于1954年后的台站历史沿革，09项中若出现地方时，则应编报为“地方平均太阳时”；1951—1953年的地面定时观测时制有120° E标准时、105° E标准时和90° E标准时三种。

12. 10项中自动观测的观测次数编报“自动”；观测次数指每日定时观测的次数，不包括辅助观测次数或地面自记记录代替的时次；对于自动站单轨运行后定时观测“云、能、天”等项目的地面站，定时观测次数仍需编报，其结束时间为“99999999”；

高空站的观测项目编报“测风”或“探空”；若高空站的观测时间为7：15和19：15，则分别编报为07和19。

13．对于两个台站合并、台站观测任务互换和台站档案号变动，12项的“开始年月日”和“终止年月日”均取两站合并后、台站观测任务互换后和台站档案号变动后的首日；对于对比、并行观测和台站中断观测时间在一个月以上的，要有原因情况说明，12项的“开始年月日”和“终止年月日”分别选取变动事件的起止日；若台站中断观测原因不详，则无需编报；对于自记降水、电线积冰等季节性观测项目的中断原因无需编报；人工观测和自动观测的平行观测要求按照下例方式进行编报：“12/20030101/20041231/人工观测与自动观测进行平行观测，2003年以人工观测资料为正式记录，2004年以自动观测资料为正式记录”；若无需要说明的其他变动事项，则12项编报“12/开始年月日/终止年月日/-”。

14．图像文件名中的nn为图像文件顺序号，以2位数字表示，位数不足，高位补“0”，规定01-50编报有关台站环境的图像文件，51-99编报有关仪器的图像文件。观测场环境图像文件的“图像文字说明”编报格式为“图像主题；拍摄时间；地点；方位；责任者”，仪器设备图像文件的“图像文字说明”编报格式为“仪器设备名称；拍摄时间；责任者”，内容不详的内容以“?”表示。对于多方向的观测场环境图片，方位按下例编报：“E，ESE，SE，SSE，S”。对于观测场全景图，方位编报为“-”。若无作为附件编报的图像文件，则13项编报“13/-/-”。

15．14项“观测记录”中的“观测记录载体名称”参考附件6-1和附件6-2编报；不属于归档范围的观测记录载体无需编报；观测记录载体的起止时间应与07项相应要素的起止时间保持一致。

16．15项“观测规范”参考附录B9和附录B10编报。

附录B

元数据各类参考表

表B1 地面气象台站级别称谓沿革参考表

<table>
<tr><th>时段</th><th>台站级别</th></tr>
<tr><td rowspan="5">1951年1月—1953年12月</td><td>气象台（含中央气象台、各大区气象台、特种气象台）</td></tr>
<tr><td>甲种气象站</td></tr>
<tr><td>乙种气象站</td></tr>
<tr><td>丙种气象站</td></tr>
<tr><td>测候所</td></tr>
<tr><td rowspan="4">1954年1月—1960年12月</td><td>气象台</td></tr>
<tr><td>气象站</td></tr>
<tr><td>气候站</td></tr>
<tr><td>专业气象台</td></tr>
<tr><td rowspan="3">1961年1月—1979年12月</td><td>气象台</td></tr>
<tr><td>气象站</td></tr>
<tr><td>气候站</td></tr>
<tr><td rowspan="7">1980年1月—2006年12月</td><td>气象台</td></tr>
<tr><td>气象站</td></tr>
<tr><td>气候站</td></tr>
<tr><td>国家基准气候站</td></tr>
<tr><td>国家基本气象站</td></tr>
<tr><td>国家一般气象站</td></tr>
<tr><td>气象辅助站</td></tr>
</table>

续表

时段	台站级别
2007年1月—2008年12月	国家气候观象台
	国家气象观测站一级站
	国家气象观测站二级站
2009年1月至今	国家基准气候站
	国家基本气象站
	国家一般气象站

注：本表中的时段仅供参考，具体沿革时间以气表或气簿的记录为准。

表B2 台站地理环境参考表

台站地理环境的分类	台站地理环境名称	说明
人居密度环境	市区	县城、城镇和乡镇均编报为“集镇”
	郊外	
	集镇	
	乡村	
地形地貌大环境	山区	选其中之一项目进行编报
	平原	
	高原	
	海滨	
	河边	
	沙漠	
	冰川	
	海岛	
	荒地	
	沼泽	
	森林	
	戈壁	

续表

台站地理环境的分类	台站地理环境名称	说明
台站局地小环境	农田	台站周围存在雷达、信号发射塔和高压线路等对气象观测有影响的电磁辐射源，编报“高频电磁辐射”
	山顶	
	山腰	
	湖泊（水库）	
	高频电磁辐射	

表B3　地面观测要素标准称谓参考表

气压	气温	最高气温	最低气温
湿度	云状	云向	云量
实测云高	能见度	降水量	天气现象
蒸发量	积雪密度	雪深	雪压
风向	风速	地面状态	地面温度
地面最高温度	地面最低温度	5 cm地温	10 cm地温
15 cm地温	20 cm地温	30 cm地温	40 cm地温
50 cm地温	60 cm地温	75 cm地温	80 cm地温
100 cm地温	160 cm地温	200 cm地温	300 cm地温
320 cm地温	草面温度	冻土	电线积冰
日照时数	日射强度	最低草温	

注：1953年以前使用最低温度表观测的最低草温需编报，自动观测的最低草温不编报。

表B4　地面气象观测仪器设备名称参考表

序号	要素名称	观测仪器设备名称	备注
1	气压	动槽式水银气压表	福丁式水银气压表的名称统一编报为动槽式水银气压表
		定槽式水银气压表	寇乌式水银气压表的名称统一编报为定槽式水银气压表
		高原动槽水银气压表	高原福丁式水银气压表的名称统一编报为高原动槽式水银气压表

续表

序号	要素名称	观测仪器设备名称	备注
1	气压	空盒气压表	
		高原空盒气压表	
		船用精密空盒气压表	
		精密空盒气压表	
		空盒气压计	日转和周转作为规格型号编报
		微气压计	
		振筒式气压传感器	
		膜盒式电容气压传感器	金属膜盒和单晶硅膜盒作为质材在规格型号中描述
		硅压敏式气压传感器	
2	气温	百叶箱	木质大百叶箱的规格型号编报为：木质，高612 mm，宽460 mm，深460 mm
			木质小百叶箱的规格型号编报为：木质，高537 mm，宽460 mm，深290 mm
			自动站百叶箱的规格型号编报为：玻璃钢，高615 mm，宽470 mm，深465 mm
		水银温度表	球状或柱状作为规格型号编报
		酒精温度表	同上
		固定式（英式）干球温度表	新中国成立前和新中国成立初期使用
		手摇式（美式）干球温度表	新中国成立前和新中国成立初期使用
		通风式（德式）干球温度表	阿斯曼干球温度表编报为通风式（德式）干球温度表
		阿富克斯托干球温度表	新中国成立前和新中国成立初期使用
		耶拿干球温度表	新中国成立前和新中国成立初期使用
		干球温度表	
		百叶箱通风干球温度表	
		自然通风百叶箱干球温度表	
		双金属温度计	日转和周转作为规格型号编报

续表

序号	要素名称	观测仪器设备名称	备注
2	气温	铂电阻温度传感器	
		热敏电子温度传感器	
3	最高气温	最高气温表	
4	最低气温	最低气温表	
5	湿度	毛发湿度表	
		毛发湿度计	
		固定式（英式）干湿球温度表	新中国成立前和新中国成立初期使用
		手摇式（美式）干湿球温度表	新中国成立前和新中国成立初期使用
		通风式（德式）干湿球温度表	阿斯曼干湿表编报为通风式（德式）干湿球温度表
		阿富克斯托干湿球温度表	新中国成立前和新中国成立初期使用
		耶拿干湿球温度表	新中国成立前和新中国成立初期使用
		干湿球温度表	
		百叶箱通风干湿表	
		自然通风百叶箱干湿球温度表	
		电动通风干湿表温湿传感器	日转和周转作为规格型号编报
		湿敏电容湿度传感器	
		双盐氯化锂露点传感器	
6	风向	风向器	风向标编报为风向器
		丁字式风向器	
		立轴鱼尾式风向器	单尾、双尾作为规格型号描述
		单翼风向传感器	
		沙式风向风速指示器	
		九灯式风向风速指示器	
		维尔德测风器	轻型、重型作为规格型号编报
		沙式风向风速指示器	
		风程表	

续表

序号	要素名称	观测仪器设备名称	备注
6	风向	EL型电接风向风速计	
		达因式风向风速计	
		测风数据处理仪	EN1、EN2作为规格型号
		轻便风向风速表	
		磁感风向风速表	
		强风计	
		电子微风仪	
		立轴式风向计	
		螺旋式风向计	
		电接回数计	自记风速计编报为电接回数计
		风杯式遥测风向风速传感器	
		旋浆式遥测风向风速传感器	
		自动海岛测风系统	
7	风速	鲁滨逊式风速器	
		便携式数字风速表	
		电子微风仪	
		风程表	
		轻便风向风速表	
		便携式数字风速表	
		磁感风向风速表	
		维尔德测风器	轻型、重型作为规格型号编报
		达因风速计	达因风信计编报为达因风速计
		电动风速计	
		EL型电接风向风速计	
		达因式风向风速计	
		电传风向风速仪	
		杯形风速器	杯形风速表编报为杯形风速器

续表

序号	要素名称	观测仪器设备名称	备注
7	风速	轻便杯形风速器	轻便杯形风速表编报为轻便杯形风速器
		电传风速器	电传杯形风速表编报为电传风速器
		风杯风速传感器	
		风杯式遥测风向风速传感器	
		旋桨式遥测风向风速传感器	
		自动海岛测风系统	
8	降水量	雨量器	规格型号中要对口径、有无防风圈和具体型号进行描述
		虹吸式雨量计	同上
		翻斗式雨量计	同上
		翻斗式遥测雨量计	同上
		水导式雨量计	同上
		雨量计	同上
		双翻斗遥测雨量计传感器	同上
		单翻斗雨量传感器	同上
		双阀容栅式雨量传感器	双阀容栅式雨量计编报为双阀容栅式雨量传感器
9	雪深	普通米尺	
		量雪尺	
10	积雪密度	称雪器	
		体积量雪器	
11	雪压	称雪器	
		体积量雪器	
12	蒸发量	箱内蒸发器	规格型号中要对口径进行描述
		小型蒸发器	同上
		大型蒸发器	同上
		E601型蒸发器	

续表

序号	要素名称	观测仪器设备名称	备注
12	蒸发量	E601B型蒸发器	
		超声蒸发传感器	超声波
13	日照时数	乔唐式日照计	暗筒式日照计编报为乔唐式日照计
		康培司托克日照计	聚焦式日照计编报为康培司托克日照计
		双金属片日照传感器	
		太阳直接辐射表自动观测传感器	
14	日射强度	日射表	1957年以前日照强度观测又称黑白球温度表，因此黑白球温度表编报为日射表
15	地面温度	地面温度表	柱状作为规格型号描述
		遥测地温传感器	
16	地面最高温度	地面最高温度表	球状、柱状作为规格型号描述
		遥测地温传感器	
17	地面最低温度	地面最低温度表	水银、酒精，球状、柱状作为规格型号描述
		遥测地温传感器	
18	5 cm地温	5 cm地温表	柱状作为规格型号描述
		5 cm地温传感器	柱状、铂电阻作为规格型号描述
19	10 cm地温	10 cm地温表	柱状作为规格型号描述
		10 cm地温传感器	柱状、铂电阻作为规格型号描述
20	15 cm地温	15 cm地温表	柱状作为规格型号描述
		15 cm地温传感器	柱状、铂电阻作为规格型号描述
21	20 cm地温	20 cm地温表	柱状作为规格型号描述
		20 cm地温传感器	柱状、铂电阻作为规格型号描述
22	30 cm地温	30 cm地温表	柱状作为规格型号描述
23	40 cm地温	40 cm地温表	柱状作为规格型号描述

续表

序号	要素名称	观测仪器设备名称	备注
23	40 cm地温	40 cm地温传感器	柱状、铂电阻作为规格型号描述
24	50 cm地温	50 cm地温表	柱状作为规格型号描述
25	60 cm地温	60 cm地温表	柱状作为规格型号描述
26	75 cm地温	75 cm地温表	柱状作为规格型号描述
27	80 cm地温	80 cm地温表	柱状作为规格型号描述
		80 cm地温传感器	柱状、铂电阻作为规格型号描述
28	100 cm地温	100 cm地温表	柱状作为规格型号描述
29	160 cm地温	160 cm地温表	柱状作为规格型号描述
		160 cm地温传感器	柱状、铂电阻作为规格型号描述
30	200 cm地温	200 cm地温表	柱状作为规格型号描述
31	300 cm地温	300 cm地温表	柱状作为规格型号描述
32	320 cm地温	320 cm地温表	柱状作为规格型号描述
		320 cm地温传感器	柱状、铂电阻作为规格型号描述
33	冻土	达尼林冻土器	
34	电线积冰	电线积冰架	
35	实测云高	弧光测云仪	
		激光测云仪	
		班松式测云仪	
		云幕灯	
36	能见度	透射式能见度仪	
		前向散射式能见度仪	
		能见度摄像仪	
37	草面温度	草温表	
		草面温度传感器	

注：编写本表时参考了多个版本的《地面气象观测规范》和2003年编报国家基准、基本站台站历史沿革数据文件的相关材料。

表B5　高空气象探测仪器设备名称参考表

序号	要素项目名称	仪器名称	备注
1	高空风	经纬仪	型号可能有苏式、捷克式、70-I型、日式、苏山T式等，型号用半角括号编报，例：经纬仪（苏式）。
		双镜头经纬仪	
		L波段测风雷达	
		701雷达	
		二次测风雷达	型号可能有701、701X、GFE（L）1型、910型英式、910型德式等，型号用半角括号编报，例：二次测风雷达（GFE（L）1型）。
2	高空压温湿	探空仪	型号可能有苏式P3-049型、芬兰、49型、59型、GTS1型、GTS2型等，型号用半角括号编报，例：探空仪（49型）。
		电子探空仪	具体型号用半角括号括起，如实编报。
		GTC2型L波段探空数据接收机	
		二次测风雷达	型号可能有701、701X、GFE（L）1型、910型英式、910型德式等，型号用半角括号编报，例：二次测风雷达（GFE（L）1型）。

表B6　部分仪器设备的生产厂家与启用年代参考表

生产厂家	型号和仪器名称	启用年代	备注
中国华云技术开发公司	CAWS600型自动站	1998	
中国华云技术开发公司	CAWS600型区域自动气象站	1998	
中国华云技术开发公司	CAWS600型便携式自动气象站	1999	
北京华创升达高科技发展中心	TBQ-2-B总辐射表	2007	
北京华创升达高科技发展中心	TBS-2-B直接辐射表	2007	

续表

生产厂家	型号和仪器名称	启用年代	备注
北京华创升达高科技发展中心	FNP-3系列净全辐射表	2007	
南京大桥机器有限公司	GPS电子探空仪		
江苏省无线电科学研究所有限公司	ZQZ-CⅡ型国家气象观测站（标准7要素）	1999	
	ZQZ-A系列区域自动气象站	1996	
中环天仪股份有限公司（天津气象仪器厂）	DZZ2自动气象站	2006	
	GTS（U）2-1型数字式电子探空仪	2005	
	SDM6型雨量器	2005	
	SDM6A型雨量器	2001	
	ADM7/ADM7A型小型蒸发器	2005	
	WHM5型温湿度表	1980	
天津气象海洋仪器厂	DHM2型机动通风干湿表		
	DSJ2型虹吸式雨量计		
	GZD型系列数字照度计		
长春气象仪器有限公司（长春气象仪器厂）	DYB1\DYB1-1型二级标准水银气压表		在1991年以前就开始使用
	DYB4-1型单管水银压力表		
	DYB3型双管水银压力表		
	DYM1\DYM1-1型动槽式水银气压表		
	DYM2型定槽水银气压表		
	DYM3\DYM3-1型空盒气压表		
	DYJ1、DYJ1-1型气压计		
	DWJ1型温度计		
	DHJ1型湿度计		
	DFY3型直接辐射表		
	DFY4-1型总辐射表		
	DFY5型净全辐射表		

续表

生产厂家	型号和仪器名称	启用年代	备注
长春气象仪器有限公司（长春气象仪器厂）	DWJ1（DWJ1-1）型温度计	1981	
	DHJ1（DHJ1-1）型湿度计	1981	
	DYJ1（DYJ1-1）型气压计	1980	
	DYM1（DYM1-1）型动槽水银气压表	1980	
	DYM2型定槽水银气压表	1981	
	DYM3（DYM3-1）型空盒气压表	1980	
	DYYZⅡ自动气象站	1999	
	DFY3型直接辐射表	1981	
	DFY4型总辐射表	1981	
	DFY5型净总辐射表	1981	
广东省气象计算机应用开发研究所	DZZ1-2型自动气象站	2002	
	WP3103型（六要素）自动气象站	2005	
上海气象仪器厂有限公司	HM3型电动通风干湿表		
	HM4型毛发湿度		
	AM4型蒸发皿		
	EY1型电传风向风速仪		
	EN型自动风仪		
	WJ1型双金属温度计	1965	
	HM4型贸发湿度表	1965	
	HJ1型毛发湿度计	1965	
	SM1型雨量器	1962	
	SJ1型虹吸式雨量计	1965	
	AM3蒸发皿	1965	
	HM3电动通风干湿表	1970	
	FJ2型日照计	1965	
	SL3-1型翻斗式雨量传感器	1995	

续表

生产厂家	型号和仪器名称	启用年代	备注
长春气象仪器研究所	CZQ-1型自动气象站		
	AMS-11自动气象站	1999	
	HFY-1A风向风速仪	1992	
水利部南京水利自动化研究所	BB-1型玻璃钢百叶箱（箱内尺寸466×462×618）	2001	
	E601B型水面蒸发皿	1988	
上海（华辰）医用仪表（厂）有限公司	WQG-11干湿球温度表 WQG-12通风干湿球温度表 WQG-13最高温度表 WQG-14直管地温表用温度表 WQG-15地面温度表 WQG-16曲管温度表	1979	汞温度表
	WQG-18最低温度表 WQG-19低温温度表	1979	有机液体温度表
南京大桥机器有限公司	GFE（L）型二次测风雷达	2002	
	GTC2型L波段探空数据接收机	2005	
	701型测风二次雷达	1965	
上海长望气象科技有限公司	GTS1型数字探空仪	2000	
太原无限电一厂	GZZ2型电码式探空仪	1965	
	TD2型/GTS1型数字探空仪	2006	
锦州三二二研究所	TBS-2直接辐射表		
	TBQ-3型总辐射表		
伊春百叶箱厂	1号箱：460×290×537 2号箱：460×460×612		
北京照相机总厂缩微仪器分厂	CFJ-ⅡB型测风经纬仪		
	ZJJ型自动测风经纬仪		

注：未注明启用年代的仪器设备均在1990年以前启用。

表B7 地面气象观测记录载体名称参考表

自记纸	气压自记纸
	气温自记纸
	相对湿度自记纸
	降水量自记纸
	日照自记纸
	风向风速自记纸
气象观测记录簿	地面气象观测记录簿（气簿-1）
	天气报告观测记录簿（气簿-2）
	地温观测记录簿（气簿-3）
	云向云速观测记录簿（气簿-4）
气象记录月报表	气象月总簿（气表0102甲）
	气象月总簿（气表0102乙）
	气象月报表（气表0100）
	地面基本气象观测记录月报表（气表-1）或地面气象记录月报表（气表-1）
	气压自记记录月报表（气表-2P）
	温度自记记录月报表（气表-2T）
	湿度自记记录月报表（气表-2U）
	地温记录月报表（气表-3）
	日照日射记录月报表（气表-4）
	降水量自记记录月报表（气表-5）
	风向风速自记记录月报表（气表-6）
	冻土记录月报表（气表-7）
	电线积冰记录月报表（气表-8）
气象记录年报表	气象年总簿（气表0152甲）
	气象年总簿（气表0152乙）
	地面基本气象观测记录年报表（气表-21）或地面气象记录年报表（气表-21）
	气压自记记录年报表（气表-22P）
	温度自记记录年报表（气表-22T）

续表

气象记录年报表	湿度自记记录年报表（气表-22U）
	地温记录年报表（气表-23）
	日照日射记录年报表（气表-24）
	降水量自记记录年报表（气表-25）
数据文件	国家基本（一般）站地面气象记录月报表数据文件（A0文件）
	国家基准站地面气象记录月报表数据文件（A1文件）
	国家基本（一般）站地面气象记录月报表补充数据文件（A6文件）
	国家基准站地面气象记录月报表补充数据文件（A7文件）
	国家基本站气象记录月报表封底封面文件（V0文件）
	国家基准站气象记录月报表封底封面文件（V1文件）
	地面气象观测数据文件（A文件）
	地面分钟观测数据文件（J文件）
	地面气象记录年报数据文件（Y文件）

表B8 高空气象观测记录载体名称参考表

高空气象观测记录图	高空风计算图
	高空压温湿记录曲线
气象观测记录表	探空（P3-049）观测记录表
	经纬仪小球测风观测记录表（高表-11）
	探空球测风观测记录表（高表-12）
	雷达测风观测记录表（高表-13）
	探空观测记录表（高表-14）
	远程雷电观测记录表（高表-15）
	高空气象探测记录表（高表-16）
高空气象观测记录报表	高空风观测记录月报表（气表-1100）
	高空风观测记录月报表（气表-1011）
	高空风观测记录月报表（高机-001）
	高空风观测记录月报表（气表-52）

续表

高空气象观测记录报表	高空风观测记录月报表（高表-1）
	高空压温湿观测记录月报表（高表-2）
数据文件	实时探测数据文件（S文件）
	高空全月探测数据文件（G文件）
	测站基本参数数据文件（UF文件）
	高空探测报文数据文件（UP文件）
	探空系统秒级探测资料上传数据文件
	高空风记录数据文件（F文件）
	高空风记录数据文件（W文件）
	高空压温湿记录特性层数据文件（T文件）

表B9　地面气象观测规范名称参考表

规范名称	开始执行时间	颁发机构
气象测报简要（1950年版）	1951年1月	中央人民政府革命军事委员会
气象观测暂行规范-地面部分（1954年版）	1954年1月	中央气象局
地面气象观测规范（1961年版）	1961年1月	中央气象局
地面气象观测规范（1979年版）	1980年1月	中央气象局
地面气象观测规范（2003年版）	2004年1月	中国气象局

表B10　高空气象观测规范名称参考表

规范名称	开始执行时间	颁发机构
高空风观测简要（1951年版）	1951年10月	中央军委气象局
气象观测暂行规范-高空风部分（1954年版）	1954年9月	中央气象局
高空气象观测规范（1963年版）	1963年10月	中央气象局
高空气象观测手册-高空压温湿观测部分（1976年版）	1976年3月	中央气象局
高空气象观测手册-高空风观测部分（1976年版）	1976年10月	中央气象局

续表

规范名称	开始执行时间	颁发机构
高空气象观测规范（1977年版）	1977年4月	中央气象局
高空气象观测手册-59-701雷达测风使用（1979年版）	1979年2月	中央气象局
高空气象观测手册-59-701微机数据处理系统部分（2000年版）	2000年8月	中国气象局
常规高空气象探测规范（试行）（2003年版）	2003年1月	中国气象局监测网络司
L波段（1型）高空探测系统业务操作手册（2005年版）	2005年1月	中国气象局监测网络司

附录C

年报数据文件（Y文件）格式示例

54726 3742N 11711E 000115 000127 107 000 S14 110 2010
P
T
……
B
FM
12109
山东省
乐陵国家一般气象站
乐陵市市中街道办事处王梅村
农村
窦俊杰
全体观测员
全体观测员
高延青　韩波
李芸
高延青　韩波
20110226=
GK

01/ 本年年平均气温为 12.5℃，与常年持平；年极端最高气温为 38.4℃，较常年偏低 1.5℃；极端最低气温为 -17.1℃，较常年偏高 4.5℃。年降水量为 685.2 mm，较常年偏多 158.1 mm。年日照时数为 2408.0 h，较常年偏少 101.4 h。

02/ 受低涡和副高共同影响，7 月 19 日我市出现大暴雨，日降水量为 200.4 mm，突破了有气象记录以来日降水量极值。这次强降水造成农田和城区大量积水，作物倒伏，受灾严重，其中农作物受灾面积 21518.5 hm^2，倒塌损坏房屋 2891 间，部分小区、学校、商店、企业被淹，城市基础设施受损。全市直接经济损失 11843.3 万元。

03/ 受低涡和副高共同影响，7 月 19 日我市出现大暴雨，日降水量为 200.4 mm，突破了有气象记录以来日降水量极值。这次强降水造成农田和城区大量积水，作物倒伏，受灾严重，其中农作物受灾面积 21518.5 hm^2，倒塌损坏房屋 2891 间，部分小区、学校、商店、企业被淹，城市基础设施受损。全市直接经济损失 11843.3 万元。受高空槽和副高边缘暖湿气流共同影响，8 月 8—12 日我市出现了降水天气，全市平均过程降水量为 111.7 mm。由于与上次强降水间隔期短及上游泄洪客水影响，全市骨干河道水位居高不下，德惠河、前进沟部分河段水位高出农田或地面，对洪水下泄和农田排涝造成严重影响，低洼地区出现河水倒灌现象，造成全市花园、铁营、郑店等 6 个乡镇 115 个村庄出现不同程度的灾情。农作物受灾总面积 12926.7 hm^2，其中：减产面积 9826.7 hm^2，绝产面积 3100 hm^2，损坏房屋 852 间，倒塌房屋 323 间。直接经济损失 8996 万元。受切变线和副热带高压共同影响，8 月 18—22 日我市又出现了降水天气，全市平均过程降水量为 107.7 mm，再加上上游泄洪客水影响，致使农田又出现严重的内涝灾害。造成全市 16 个乡镇 177 个村庄、3.8 万人受灾，受灾农作物总面积 2789.8 hm^2，成灾面积 2282.6 hm^2，绝产面积 507.2 hm^2，损坏房屋 4026 间，倒塌房屋 969 间，死亡畜禽 600 头（只），损坏桥梁涵洞 324 座。直接经济损失 4661 万元。

05/ 该年气温适宜，风雹灾害轻，但降水偏多，且时空分布不均匀，造成严重的内涝灾害。=

BZ

BB/0101-1231/ 我站位于乐陵市区西南部，距离 3000 m，东距济盐公路 350 m。观测场 E 方向为鞋厂栅栏围墙，距离 20.5 m。

S方向为鞋厂围墙，高度1.7 m，距离30.5 m。W方向为枣树林，距离44.5 m，树高3 m。WNW方向为居民平房，高度2.7 m，宽度角为21°，仰角为4°，距离36.5 m。NW方向为杨树林，距离57 m，宽度角为16°，仰角为13°。NNW方向为本站办公楼，楼高7.8 m，宽度角为8°，仰角为8°，距离57 m。N-NNE方向为本站业务平房，其中N方向房高7.2 m，距离72 m，宽度角为18°，仰角为6°；NNE方向房高7.5 m，距离72 m，宽度角为12°，仰角为6°。ENE方向为鞋厂宿舍，高度为2.5 m，距离42.5 m。

BB/0101/根据山东省气象局监测网络处[关于下发国家级气象台站基本参数信息的通知]要求，本站纬度由37° 43′ N修改为37° 42′ N，经度、海拔高度未改变。

BB/0111/10时40分更换温湿传感器过滤罩。

BB/0401/启用雨量传感器。蒸发由称量法改为杯量法。

BB/0703/9时35分更换温湿传感器过滤罩。

BB/1101/雨量传感器加盖停止使用，蒸发由杯量法改为称量法。

55/0101/3742N/11711E/000115/乐陵市市中街道办事处王梅村/农村/00000;

10/03/08; 14; 20

10/24/24 h连续观测

11/不守班=

YQ

02/膜盒式电容PTB220/X4060037/VAISALA（芬兰）公司/20090507

04/BB-1型玻璃钢/030443/南京水利水文自动化研究所/有合格证

05/铂电阻HMP45D/X2010083/VAISALA（芬兰）公司/20090507

11/湿敏电容HMP45D/X2010083/VAISALA（芬兰）公司/20090507

12/单翼EL15-2D、风杯EL15-1A/3040830526/天津气象仪

器厂/20090504

13/SDM6/31130/天津气象仪器厂/20060424

14/翻斗式SL3-1/200704752/上海气象仪器厂/20090507

15/0-100CM直尺//乐陵府上文教用具厂/有合格证

16/手提式/710047/天津气象仪器厂/有合格证

17/暗筒式/061/上海气象仪器厂/有合格证

18/20CM口径ADM7//天津气象仪器厂/有合格证

20/铂电阻WZP1/541/天津气象仪器厂/20090421

24/铂电阻WZP1/220/天津气象仪器厂/20090424

25/铂电阻WZP1/222/天津气象仪器厂/20090421

26/铂电阻WZP1/224/天津气象仪器厂/20090421

27/铂电阻WZP1/284/天津气象仪器厂/20090424

32/0-100CM//3614厂/有合格证

34/CAWS600-B/554/北京华创升达高科技发展中心/20090507

35/戴尔DIMENSION3000//戴尔（中国）有限公司/有合格证

36/采集器内部时钟//北京华创升达高科技发展中心/有合格证=

######